LOCUS

LOCUS

LOCUS

LOCUS

from
vision

from 82

新時間簡史
A Briefer History of Time

作者：Stephen Hawking with Leonard Mlodinow
譯者：郭兆林 周念縈
責任編輯：湯皓全
校對：歐陽瑩
美術編輯：張士勇 倪孟慧
法律顧問：董安丹律師、顧慕堯律師
出版者：大塊文化出版股份有限公司
台北市 105022 南京東路四段 25 號 11 樓
www.locuspublishing.com
讀者服務專線：0800-006689
TEL：(02) 87123898　FAX：(02) 87123897
郵撥帳號：18955675　　戶名：大塊文化出版股份有限公司
版權所有　翻印必究

總經銷：大和書報圖書股份有限公司
地址：新北市新莊區五工五路 2 號
TEL：(02) 89902588 (代表號)　　FAX：(02) 22901658
製版：瑞豐實業股份有限公司
初版一刷：2012 年 7 月
初版十四刷：2023 年 2 月

定價：新台幣 280 元
Printed in Taiwan

新時間簡史

A Briefer History of Time

史蒂芬・霍金
Stephen Hawking
with Leonard Mlodinow

郭 兆 林 、 周 念 縈 譯

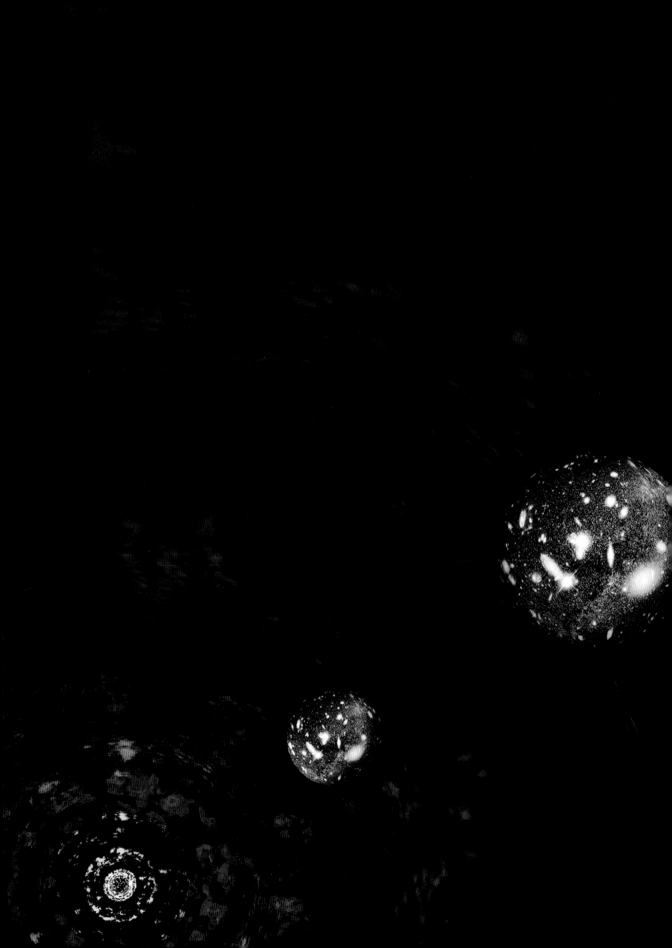

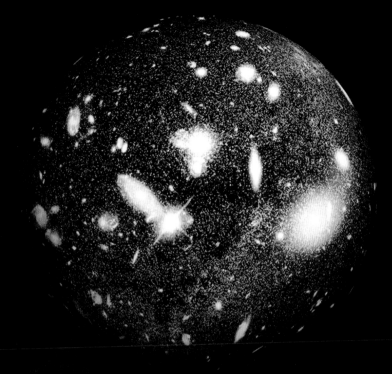

目次

誌謝

感謝班坦圖書公司（Bantam Books）的編輯哈利斯女士（Ann Harris），在她豐富的經驗與才華指導下，讓本書精益求精。感謝班坦圖書公司的美編主任艾德斯坦（Glen Edelstein），他以無比耐心努力不懈。另外，還有美編小組的 Philip Dunn、James Zhang 與 Kees Veenenbos，他們願意花時間學些物理，並且在未更動科學內容的情況下，使得本書更有看頭。感謝作者之家經紀公司（Writer's House）兩位聰明的經紀人 Al Zuckerman 與 Susan Ginsburg，他們給予我們關照與支持。感謝 Monica Guy 負責校對，以及花時間閱讀不同階段手稿的好心人士，一起幫忙讓這本書更加清晰易懂，這些人包括：Donna Scott、Alexei Mlodinow、Nicolai Mlodinow、Mark Hillery、Joshua Webman、Stephen Youra、Robert Barkovitz、Martha Lowther、Katherine Ball、Amanda Bergen、Jeffrey Boehmer、Kimberly Comer、Peter Cook、Matthew Dickinson、Drew Donovanik、David Fralinger、Eleanor Grewal、Alicia Kingston、Victor Lamond、Michael Melton、Mychael Mulhern、Matthew Richards、Michelle Rose、Sarah Schmitt、Curtis Simmons、Cristine Webb 與 Christopher Wright。

是比較精簡的歷史，有些比較技術層面的內容拿掉了，但是我們也更加著墨核心的問題，希望能讓大家更滿意。

此外，我們也藉這個機會更新內容，向大家介紹最新的理論研究與觀測發現。《新時間簡史》會談到尋找完全統一理論的最新進展，該理論試圖包納物理所有的作用力。特別是本書談到了弦論的發展，以及「二元性」的發現；「二元性」指看似不同的物理理論，實際具有的對應關係，指出物理統一理論存在的可能性。在觀測方面，將談到宇宙背景探索者衛星（COBE）與哈伯太空望遠鏡等所獲得的重要新發現。

大約四十年前，費曼曾經說過：「我們很幸運，活在一個仍然有發現的時代。就像是發現美洲大陸，只會『發現』一次，而我們生活的這個時代，是正要發現自然基本法則的時代。」今日是人類最接近了解宇宙本質的時刻，我們寫這本書想要與大家分享這些令人興奮激動的發現，並揭露浮現的「真實」新圖像。

1
思考宇宙

Thinking
About
The
Universe

我們住在一個奇怪又美妙的宇宙。宇宙的恆久、巨大、劇烈與美麗，需要無比的想像力才能心領神會。在浩瀚無垠的宇宙裡，人類的地位何其渺小，所以我們試圖要理解宇宙，想明白人類如何生存下來。數十年前，有位知名的科學家（有人說是羅素）對大眾進行一場天文學演講。他談到地球繞行太陽運轉，而太陽又以眾多恆星構成的銀河系為中心運轉。演講最後，後面有位矮小的老婦人起身駁斥：「胡說八道！世界根本是一塊平地，由一隻巨龜背負呢！」科學家嘴角揚起微笑，問道：「那麼，這頭巨龜站在何處呢？」老婦人答道：「自以為聰明的年輕人，就是烏龜疊烏龜，一路疊下去啊！」

大多數人會覺得把宇宙想成烏龜疊成的高塔太荒謬可笑了，然而我們憑什麼認為自己更了解呢？暫且將自己知道、或自以為知道的「太空」放在一旁，在夜晚時仰望天際，那些光點是什麼呢？是小小的火光嗎？要想像它們到底是何物非常困難，因為與我們日常生活經驗相差太遙遠了。經常觀察星空的人，可能見過天黑之際地平線出現一點星光，這個行星是水星，但與地球截然不同。水星上的一天，佔了水星一年的三分之二時間長，當太陽出來的時候，水星表面的溫度超過攝氏四百度，到了深夜的時候，溫度又降到約零下兩百度。不過，雖然水星與地球差距甚大，但是與典型的恆星相比根本不算難以想像，因為恆星是巨大的火爐，每秒燃燒數十億重的物質，核心溫度高達千萬度呢！

　　另一件難以想像的事情，是行星與恆星到底距離我們多麼遙遠呢？古代的中國人建造石塔以求進一步觀星，然而人們常會誤以為星星的距離其實不遠，這是很自然的事情，畢竟日常生活裡對於星空的浩瀚無窮缺乏實際體驗。事實上，這些距離太大了，用平常用的呎或哩等丈量單位來測量毫無意義，於是我們以光在一年行進的距離「光年」做為單位。光一秒行進的距離是 186000 哩，因此一光年是非常長的距離。除了太陽之外，離地球最近的恆星是半人馬座阿爾法星，大約相距四光年之遠。這實在是太遠了，縱使以目前規劃中最快的太空船來說，一趟行程恐怕要花上一萬年的時間。

　　古人努力想了解宇宙天地，但是未發展出像今日的數學和科學。現在，我們擁有強大的工具，包括數學和科學方法的心智工具，以及電腦與望遠鏡的技術工具。在這些工具的幫助下，科學家拼湊出許多太空的知識。但是，我們到底對宇宙有何認識、又如何認識呢？宇宙從何而來、又從何而去呢？宇宙有無開始，若真有開始，那之前呢？時間的本質為何，時間會否結束，人類又能回到過去嗎？最近物理學的突破（部分歸功於科技突飛猛進），對於這些人類長久以來探尋的問題提出一些答案。或許有一天，這些答案有如地球繞日般天經地義，或者有如烏龜高塔般荒謬可笑，一切唯有靜待「時間」（暫不論其意）才能揭曉了。

2
宇宙觀演進

Our
Evolving
Picture
of the
Universe

雖然晚至哥倫布的時代，一般人都還以為地球是平坦的（現今仍有少數人如此相信），但是現代天文學的根源可追溯到古希臘。大約在西元前三四〇年，希臘哲學家亞里斯多德完成《論天》（*On the Heavens*）一書，他提出很好的論證，主張地球為球體而非平面。

其中一項論點是根據月食而來。亞里斯多德了解月食是因為地球在日月之間所造成，此時地球的陰影投射在月球上，他注意到地球的陰影總是圓形，所以地球應該是球形才對，而不是平坦的碟子。如果地球是平坦的碟子，那麼除非月食的時候太陽剛好位在平碟正下方，地球的陰影才會呈現圓形，否則其它時間都應該是橢圓形才對。

希臘人另外提出一點地球是圓形的論證。如果地球是平坦的，那麼船隻出現在地平線上時，會是一個看不清的小點，等到船隻更接近才能慢慢發現更多細節，如船帆和船身。但這顯然與事實不符，當船隻出現在地平線上時，最先會看到船帆，後來才會看到船身。船桅會先船身出現於地平線上的事實，正是地球是球形的證明。

希臘人也會觀察夜空。到了亞里斯多德的時候，人們紀錄夜晚星空移動的情況已有數百年的歷史。大家注意到，雖然繁星點點似乎會一起移動，但是其中有五個星球（月亮不計）並非如此。它們有時候會脫離規律的東西向路徑，然後逆行回來。這些稱為「行星」，希臘原文為「漫遊者」的意思。希臘人只觀察到五個行星，因為這正是肉眼所能看見的五個行

現身地平線

因為地球是球形，所以船桅與船帆會比船身先出現在地平線上。

星，即水星、金星、火星、木星和土星。今日，我們知道為什麼這些行星會以這麼不尋常的路徑橫跨天際：雖然恆星相較於我們的太陽系幾乎沒有移動，但是行星會繞轉太陽，所以相較於遙遠的恆星，在夜空中行星的移動看起來更加複雜。

亞里斯多德認為地球是靜止不動的，而日月星辰皆以圓形軌道繞轉地球，因為他隱約覺得地球理當是宇宙的中心，而圓形運動正是最完美的形式。西元二世紀時，另一名希臘人托勒密將這個想法進一步闡揚，提出一個完整的宇宙模型。托勒密對研究有極高的熱忱，曾經寫道：「當我追逐興趣，研究滿天繁星的圓形運動時，我已經直上九重雲霄了。」

在托勒密的模型中，有八個旋轉的球面包圍繞轉地球，一圈比一圈大，像是俄羅斯娃娃。地球位居正中央，至於最外圈之外究竟為何，沒有人知道，也非當時所能觀察。因此，最外圈有點像是宇宙的邊界或容器，上面的恆星具有固定的位置，所以會隨整個球面一起橫跨天際轉動，彼此的相對位置保持固定，和人們的觀察一樣。裡面的球圈上有行星，不像恆星在球面上有固定的位置，而是在各自的球圈上以小圈的週轉圓（epicycle）繞轉。當這些球面旋轉時，行星也會各自在球面上繞轉，所以相對於地球，行星的路徑看起來會很複雜。托勒密就是利用這種方式，來解釋為何觀察到的行星路徑會比天上簡單的圓形運動更加複雜。

托勒密模型對於預測天體位置，算是相當正確的系統。然而為了要正

托勒密的模型
在托勒密的模型中，地球位居宇宙中心，由八個球面包圍繞轉，上面為當時所有已知的星球天體。

確預測這些位置，托勒密必須假設月球所遵循的路徑，有時候與地球距離為平常兩倍近，代表月球有時候會比平常大兩倍呢！托勒密明白有這項缺點存在，但是大多人已能接受，教會甚至認可這幅世界圖像符合聖經義理，而且這組模型在最外面留有許多空間容納天堂與地獄，更讓教會十分稱許。

不過，一五一四年波蘭教士哥白尼（Nicolaus Copernicus）提出另一個模型；也許擔心被教會斥為異端，他最先以匿名方式提出。哥白尼的想法具革命性，他認為並非所有的星體都得環繞地球，應該是太陽居太陽系中央靜止不動，地球等行星以圓形軌道繞太陽運轉才對。哥白尼的模型和托勒密的模型都能大致解釋天文現象，但是未與觀察完全符合。不過，因為哥白尼的模型更加簡單，照理說大家應該比較容易接受才對，然而他的想法卻在快一百年之後才獲得重視。當時出現德國的克卜勒（Johannes Kepler）與義大利的伽利略（Galileo Galilei）兩位天文學家，開始公開支持哥白尼的理論。

一六○九年，伽利略用剛發明的望遠鏡觀測夜空。在觀察木星的時候，他發現旁邊有幾顆小衛星環繞，顯示並非所有物體都如亞里斯多德與托勒密等人所想一定會直接繞地球運轉。大約同時，克卜勒改進哥白尼的理論，指出行星並非以圓形軌道而是以橢圓軌道運轉。在這個改變之下，理論預測突然與觀察相符了，這些發展為托勒密的模型帶來致命一擊。

雖然克卜勒提出橢圓形軌道改進了哥白尼的理論，但是對他本人來說，這個假設不過是權宜之計罷了。這是克卜勒自己的成見，因爲他認爲自然並非以觀察而成，正如亞里斯多德一樣，他直覺相信橢圓不如圓形完美。他覺得行星以這種不完美的路徑運轉實在太醜了，所以不是最終的眞理。另一件讓克卜勒很討厭的事情是他認爲行星是受磁力影響而繞轉太陽，但是橢圓軌道與自己的想法並不一致。雖然克卜勒提出磁力造成行星運轉的想法不正確，但還是要歸功於他，人們才知道行星運轉背後必有另一種作用力存在。行星繞太陽運轉的眞正成因，一直到一六八七年牛頓出版《自然哲理之數學原理》（*Philosophiae Naturalis Principia Mathematica*）才得以解釋，這本書堪稱是物理史上最重要的著作。

　　在《數學原理》中，牛頓提出一項運動定律，指所有靜止物體會維持靜止，除非是有作用力施加在物體上面，他並描述作用力的效應如何造成或是改變物體運動。所以，爲什麼行星會以橢圓軌道環繞太陽呢？牛頓指出這是由一種作用力造成，而且同一種作用力讓地球上所有物體在沒有支撐的情況下，將無法保持靜止狀態，而是會往下掉落，他稱這種作用力爲「重力」（gravity）（在牛頓之前，這個字指「沈重」或是「重」的特質）。牛頓也發明以數學式子表達重力作用與物體反應的情況，並將方程式解出來，以這種方式顯示在太陽重力的作用下，地球等行星確實會以橢圓軌道繞轉，與克卜勒的預測一模一樣！牛頓宣稱這個法則可適用於宇宙萬物，

3
科學理論的本質

The
Nature
of
A Scientific
Theory

要探討宇宙的本質，以及討論宇宙是否有開端或結束的問題，首先必須先了解科學理論的意義。我在這裡採取最簡單的觀點，將理論視為是宇宙或有限部分的模型，有一套規則將模型的量值與觀察做連結。理論只存在我們的心中，並不具備任何真實（不論「真實」之意義）。好的理論需要滿足兩項要求：以只含幾項任意要素的模型為基礎，能對一大類觀察做正確描述，並能對未來的觀察結果做明確預測。例如，亞里斯多德相信恩培多克勒斯（Empedocle）的理論，指萬物皆由水、火、土、氣四大元素構成。這個理論很簡單，但是並未做出明確的預測。相較上，牛頓的重力理論是以更簡單的模型為基礎，指物體之間會互相吸引，此作用力與其質量成正比，與兩者距離的平方呈反比。而且，該理論對於日月星辰運動的預測，達到相當高程度的精準。

任何物理理論都是暫時的，因為理論只是假設，永遠無法證明。不管有多少次的實驗結果吻合某個理論，都無法保證下次的結果不會發生牴觸。但是，只要有一次觀察與理論的預測不吻合的話，便可以推翻該理論。正如科學哲學家巴柏（Karl Popper）強調，好理論的特色在於提出一些預測，原則上可經由觀察推翻或駁斥。每次有新的實驗觀察吻合預測時，理論便保留下來，我們對理論的信心也會增強；但是只要有一項新的觀察與理論不符合時，便要放棄或修正理論。這是大致上的原則，不過我們當然還是可以質疑觀察者的能力是否有問題。

　　實際上，新理論的提出往往是舊理論的延伸擴張。例如，在對水星軌道進行精準的觀察下，可發現與牛頓重力理論的預測稍有不同，而愛因斯坦廣義相對論的預測又與牛頓理論稍有不同。兩相比較，愛因斯坦的預測符合對水星運動的觀測，而牛頓的理論並未完全吻合，這點正是對於新理論的重大肯定。不過，大多時候還是會使用牛頓理論，因為兩種理論對於日常生活事物的預測，差異都微小到可忽略不計（牛頓的理論運用起來更為簡便，是一大優點）。

　　物理科學的最終目標，在於提出一個能夠描述整個宇宙的理論。然而，事實上大多數科學家將問題分成兩部分。第一個部分是指出宇宙如何隨著時間演進變化的法則（如果知道宇宙在某時刻的狀態，這類法則可告訴我們宇宙後來在任何時刻的狀態）；第二個部分是關於宇宙初始狀態的問題。有些人覺得科學應該只涉及第一個部分，將初始態的問題歸屬於形上學或宗教的範疇，認為萬能的上帝可以任憑喜好創造宇宙。或許是這樣沒錯，但是上帝也可以讓宇宙隨便發展，然而祂似乎選擇讓宇宙按照某些法則循序發展。因此，似乎也可合理假設有支配初始態的法則存在。

　　結果，科學家發現要提出一個包山包海的宇宙理論極為困難，於是將問題拆解開來，發明了一些「部分理論」。每個部分理論只描述與預測某部分的觀察，忽略其它量值的效應，或僅以簡單的常數來近似。這種方法有可能全盤皆錯，如果宇宙萬事萬物本質上都環環相扣，則單獨拆解問題恐

怕難以窺得全貌，無法獲得一個完整的解答。然而，過去我們的確用這種方式獲得進展，牛頓的重力理論又是經典的例子。該理論指出兩個物體之間的重力大小，只取決於物體質量的數字，與物體的組成結構毫無關係。所以，我們在計算星體的運行軌道時，並不需要恆星或行星成分結構的理論。

今日，我們用廣義相對論與量子力學兩大基本的部分理論來描述宇宙，兩者都是廿世紀上半葉人類最偉大的知識成就。廣義相對論描述重力作用以及宇宙的大尺度結構，也就是小至幾哩、大至整個可見宇宙一兆兆哩的尺度結構。另一方面，量子力學處理極小尺度的現象，如兆分之一吋的大小。可惜的是，這兩個理論有所衝突，不可能兩者都對。所以今天物理學主要努力的方向，也是本書的重心，在於尋找一個可以將兩者合併的新理論，即為量子重力理論。至今還未找到這種理論，或許未來還有漫漫長路，然而我們已經知道該理論應具備的許多特質，在後面的章節中也會談到它應具備的不少預測。

現在，如果相信宇宙不是任意發展，而是受到明確的法則所支配，那麼我們最終都必須將部分理論合併成為一個完整的統一理論，能夠描述宇宙的萬事萬物。但是在追尋這個完整統一理論的過程中，存在一個根本的矛盾。上面談到的科學理論，背後都假定人類是理性的生物，能夠自由隨意觀察宇宙，並做出符合邏輯的推斷。在這種架構下，可以合理推測我們

從原子到星系
在廿世紀上半葉，物理學家將理論研究範圍從牛頓所觀注的日常世界，擴張到宇宙最大與最小的兩個極端範疇。

可望更加靠近宇宙的支配法則。但假若真的有一個完整的統一理論存在，照理也會決定我們的行為，所以理論本身將會決定我們追尋理論的結果呢！那麼，為什麼理論要決定讓我們從觀察證據中得到正確的結論呢？是不是也同樣可能讓我們得到錯誤的結論，或完全沒有結論呢？

對於這個問題，我只能根據達爾文的天擇原理給答案。所謂的天擇原

理，指在能夠繁殖後代的生物中，其基因變異與後天教養都會造成個體差異。這些差異意謂有些個體能夠對周遭世界做出更正確的判斷與回應，提升存活與繁衍的機會，其行為與思考模式也將變成主流。現在可以確定的是，過去人類的聰明才智與科學進展帶來了生存優勢，但不清楚未來是否依舊如此，因為科學發現也可能毀滅人類，而縱使沒有毀滅人類，發現完整的統一理論也可能無助於提昇我們的生存機率。不過，假設宇宙果真是循序演進，那麼天擇賦與人類的理解能力，可望在追尋完整的統一理論時會發揮作用，不致於帶我們走向錯誤的結論。

不過，除了最極端的情況外，現有的部分理論已經足以做出正確的預測，因此追尋宇宙終極理論似乎缺乏實際的理由（但值得一提的是，從前大家也認為相對論和量子力學沒有實際用處，可是這些理論最終帶來了核能與微電子革命）。因此，發現完整的統一理論或許無助於提升人類生存的機率，甚至不會影響到我們的生活型態，但是自從文明出現，人們從來不滿足於將世間萬物看做毫無牽連或無法解釋；相反地，人們一直渴望發現世界運作的根本之道。從古至今，我們一直熱切想知道為什麼自己在這裡，以及從何而來的問題。人類求知若渴的天性，正是繼續追尋統一理論的最佳理由，只是我們的目標不僅僅在於對這個宇宙的完整描述而已。

4
牛頓的宇宙

Newton's
Universe

現代對於物體運動的概念，源自於伽利略和牛頓。從前，人們相信亞里斯多德的主張，指物體自然處於靜止狀態，只有在力或「衝撞」之下才會運動。另外，大家也認為重物掉落的速度會比輕的物體更快，因為往地面拉的力量更強。傳統上亞里斯多德學派也主張，宇宙的所有支配法則都可以靠純綷思考獲得，沒有必要經由觀察驗證。所以在伽利略之前，都沒有人想過真的去測試不同重量的物體，究竟是否會以不同的速度掉落。傳說伽利略爬到義大利的比薩斜塔拋下物體做實驗，證明亞里斯多德的想法錯誤了。雖然這個故事肯定不是真的，不過伽利略確實做了類似的實驗，讓重量不同的球滾落平滑的斜坡。這個情況與讓物體垂直掉落很相似，但是因為速度比較小，所以更容易觀察。根據伽利略的測量，不管物體的重量為何，每個物體都以相同速率增加速度。例如，若是將球放在10:1的斜坡上，那麼不管球有多麼重，一秒鐘後球滾落斜坡的速度約是每秒一公尺，二秒鐘後約為每秒二公尺，以此類推。當然，鉛製物體會比羽毛掉落更快，但那是因為空氣阻力會讓羽毛慢下來的緣故。如果丟下兩個受空氣阻力影響不大的物體，如兩個鉛製物體，那麼將會以相同的速度掉落。在月球上沒有空氣會阻礙物體掉落，太空人大衛·史考特（David R. Scott）以羽毛和鉛球進行實驗，證明兩者確實會在相同的時間掉落地面。

　　後來，牛頓將伽利略的測量當做運動定律的基礎。在伽利略的實驗中，當物體滾落斜坡時，都是受到相同的作用力（其重量造成），讓物體持

續加速。這顯示作用力實際上會一直改變物體的速度，並非如先前所想只是會讓物體開始運動而已。這也意味著當物體不再受到任何力作用時，將會保持相同的速度以直線前進。這個概念首先在一六八七年牛頓出版的《數學原理》中清楚指出，稱為牛頓第一運動定律。至於物體在力作用之下的運動方式，則由牛頓第二定律涵蓋，指物體的速度變化（即加速度）與作用力成正比（若作用力為兩倍大，則加速度也會變成兩倍大）；再者，物體的加速度與質量成反比（例如相同的力作用在兩倍質量的物體上，只會產生原本一半的加速度）。以大家都熟悉的汽車為例：當汽車引擎的馬力越強大，加速度就越大；若是車子越重，則相同引擎產生的加速度會變小。

除了描述物體與作用力關係的運動定律之外，牛頓也發現了重力法則，描述如何決定重力這種特定作用力的強度。上面說過，重力法則指物體之間會彼此吸引，此作用力與每個物體的質量成正比。因此，在兩個物體中，若是物體 A 的質量變成兩倍，那麼兩個物體之間的作用力也會變成兩倍。這是可想而知的，因為可將新的物體 A 想成是由兩個原先質量的物體組成，每個物體都會以原先大小的作用力吸引物體 B，因此 A 和 B 之間的總作用力將會是原先作用力的兩倍大。又例如有一個物體的質量是兩倍大，另一個物體的質量是三倍大，那麼作用力會變成六倍大。

現在，可以明白為什麼所有物體都會以相同的速度掉落了。根據牛頓重力法則，兩倍重的物體會有兩倍大的重力往下拉，但是物體也會有兩倍

的質量，再根據牛頓第二運動定律，每一份作用力只有一半的加速度。總結牛頓法則，這兩種效應剛好互相抵消。所以不管重量爲何，所有加速度都會相同。

牛頓的重力法則也指出，當物體之間距離越遙遠，則作用力會越小，例如當距離變兩倍時，作用力爲原先的四分之一。這項法則精準預測了地球、月球和行星的位置，如果法則指重力作用會隨距離變化而增減更爲迅速時，行星的軌道將不會是橢圓形，而是會墜入或逃離太陽了。

相較於伽利略與牛頓的想法，亞里斯多德最主要的差別在於相信物體自然上處於靜止狀態，除非受到某種力或衝力作用，特別是他相信地球靜止不動。然而根牛頓定律，沒有絕對的靜止標準存在，我們可以說物體 A 靜止不動，物體 B 則相對於物體 A 以固定速度在運動；也可以說物體 B 靜止不動，而物體 A 正在運動。例如，暫且不論地球的自轉與公轉，我們可以說地球靜止不動，一部電車以每小時九十哩的速度向北前進；也可以說電車靜止不動，地球以每小時九十哩的速度往南移動。若是在電車上以運動物體進行實驗，則牛頓定律全部都成立。那麼是牛頓對，還是亞里斯多德對呢？該如何做判斷呢？

可以做以下的實驗：想像自己關在一個箱子裡面，不知道箱子是放在行進的火車上，或者是放在地面上；根據亞里斯多德，地面是「靜止」的標準。有沒有辦法判斷自己到底在哪裡呢？如果有的話，也許亞里斯多德

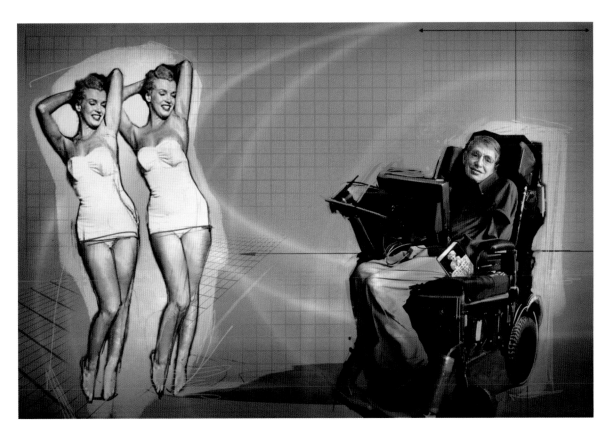

複合體的重力引力

若一個物體的質量加倍，所產生的重力作用也會加倍。

是正確的，地面的「靜止」的確獨一無二。但實驗之後會發現，不管箱子放在火車上或「靜止」的月台上，兩者的結果都一模一樣（假設火車行進時並無顛簸或轉彎等不順暢的事情發生）。例如在火車上打桌球，會發現其行為表現和軌道旁邊的球桌上一模一樣；再者，若是火車以相對於地球每小時零哩、五十哩與九十哩的速度前進，將會發現在每個情況中桌球的表現完全相同。這正是世界運行之道，牛頓運動定律的數學也反映出這點道理：我們無法區分是火車在動，還是地球在動；所謂的「運動」，唯有指相對於其它物體運動才有意義。

　　亞里斯多德或牛頓誰才是正確的，這點究竟重要嗎？這僅止於外觀上或哲學上的不同，或者是重要的科學議題呢？事實上，缺乏絕對的靜止標準對於物理學具有深奧的意義，意味著我們無法決定不同時間發生的兩個事件，是否發生在空間中的相同位置。

　　要理解這點，可以假設有人在火車上打桌球，讓桌球每秒在桌面上彈跳一次。對這個人來說，第一次彈跳的位置與第二次彈跳的位置，其空間距離為零。但是，對於軌道旁邊的觀察者來說，兩次彈跳發生的位置約相隔 40 公尺之遠，即火車在桌球兩次彈跳之間行進的距離。根據牛頓，兩位觀察者都有權主張自己處於靜止，所以兩人的觀點都可以接受，沒有誰的觀點勝於另一方，和亞里斯多德所想的不一樣。也就是說，對於火車上與軌道旁的觀察者來說，看到事件發生的位置與事件之間的距離將會不同，

距離的相對性
物體行進的距離與路徑，對於不同的觀察者可能會看起來不同。

沒有理由說誰的觀察比較正確。

　　對於缺乏絕對位置（或絕對空間）一事，牛頓感到非常焦慮，因為與他相信「絕對上帝」的信仰發生衝突。事實上，他拒絕接受沒有絕對空間的想法，即使自己的定律顯示如此。許多人都嚴厲批評他這種不理性的信仰，尤其是柏克萊主教（Bishop Berkeley），這位哲學家相信所有物質、時間與空間都是虛幻。當有人將柏克萊的說法告訴著名的強森博士時，他馬上一腳踢向一顆大石頭，喝斥一聲：「這石頭也不存在嗎？」

　　亞里斯多德和牛頓都相信「絕對時間」，認為可以明確測量出兩個事件的時間間隔，而且不管誰進行測量，只要使用的時鐘沒壞掉，都會得到相同的結果。相較於絕對空間，絕對時間則符合牛頓法則，也是大多數人具備的「常識」。然而，廿世紀時物理學家了解到必須改變對於空間和時間的概念，他們發現事件之間的時間間隔，如同桌球兩次彈跳之間的距離長短，都必須視觀察者而定。他們也發現時間並未完全獨立於時間，明白這些道理的關鍵在於對光線傳播的全新看法。這些新奇的想法看似違背日常經驗，但是以常識應付蘋果或行星等運動相對緩慢的事物雖然綽綽有餘，可是碰到以光速或接近光速行進的物體時，常識便完全不管用了。

5
相對論

Relativity

在一六七六年，丹麥天文學家羅默（Ole Christensen Roemer）首度發現光會以有限但極快的速度行進。如果觀察木星的衛星，將發現這些衛星有時候會消失不見，因為它們繞過木星這顆巨大行星的背後。這些衛星發生衛星蝕的時程應該很規律才對，但是羅默發現其實不然。難道是這些衛星環繞木星的速度會時快時慢嗎？羅默提出另一種解釋，他指出如果光以無限大的速度行進，那麼就在衛星蝕發生的那刻，在地球上會立即看到衛星蝕，於是發生的時程固定，如同天文時鐘準時準點。既然光會在瞬間傳播到任何距離，那麼木星靠近或遠離地球，情況不會有所變化。

現在想像光是以有限的速度行進。若是如此，我們會在衛星蝕發生一段時間後才看見，而時間的延遲與光的速度，以及木星和地球之間的距離有關；如果木星與地球的距離不改變，那麼每次延遲看到衛星蝕的時間將會相同。然而，木星有時候會比較靠近地球，每次衛星蝕發生的「訊號」要行進的距離越來越短，所以到達地球的時間會比木星保持固定距離時愈發提早。同樣的道理，若木星遠離地球，我們看到這些衛星蝕的時間會越來越晚。訊號早到或晚到的程度，視光的速度而定，讓我們可以測量。羅默進行了測量，他注意到當地球靠近木星的軌道時，木星的衛星蝕會比較早發生，當地球遠離木星的軌道時，木星的衛星蝕會比較晚發生。他利用這點計算光速，但是因為測量地球與木星的距離變化並不精確，所以得到的光速為每秒 140000 哩，現代的光速值則為每秒 186000 哩。不過，羅默不

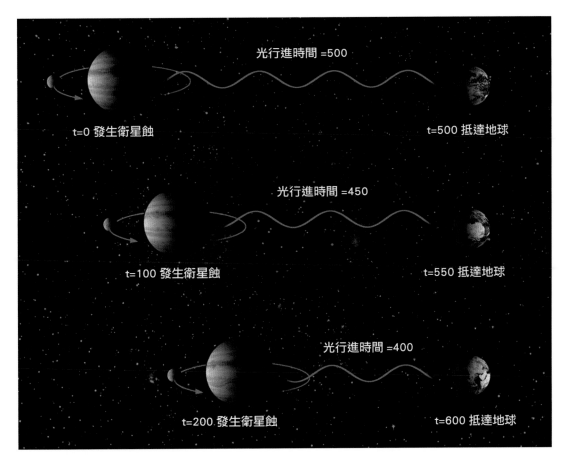

光速與衛星蝕發生時間

我們觀察到木星發生衛星蝕的時間,與這些衛星蝕真正發生的時間,以及光從木星行進到地球所經的時間有關。因此,當木星接近地球時,衛星蝕頻率看起來較高,而當木星遠離地球時,衛星蝕頻率看起來較低。這裡以比較誇張的方式呈現,方便讓大家了解。

僅證明光的速度有限，更測量到一個數值，是相當了不起的成就，比牛頓出版《數學原理》早了十一年。

後來，一直到一八六五年英國物理學家馬克士威（James Clerk Maxwell）才對光的傳播提出正確的理論，他的重要貢獻是成功統一了當時描述電力與磁力的部分理論。雖然古代已經知道電與磁的存在，但是直到十八世紀英國化學家卡文迪西（Henry Cavendish）和法國物理學家庫侖（Charles Augustin de Coulomb），才提出兩個帶電物體之間的電力量值法則。數十年後，十九世紀初期幾位物理學家提出類似的磁力法則，馬克士威則以數學顯示電力與磁力並非是由粒子直接作用於其他粒子所產生，更正確的描述是電荷與電流會在周圍空間創造一個場，對範圍內的所有電荷與電流施加作用。他發現每個場兼具電力與磁力，因此電與磁是相同作用力的一體兩面。他稱這種作用力為電磁力，攜帶電磁力的場即為電磁場。

馬克士威的方程式預測電磁場可能有波狀擾動，這些波會以固定速度前進，就像水池中的漣漪一樣。在計算速度之後，他發現這竟然與光速完全吻合！現在我們知道，馬克士威的波如果波長介於千萬分之四至千萬分之八公尺者為可見波（波是由波峰與波谷連續而成；波長指兩個相鄰波峰或波谷之間的距離）；波長比可見光更短者，有紫外線、X射線與伽瑪射線；波長比可見光更長者，有無線電波（波長一公尺以上）、「微波」（波長約為一公分）或紅外線（波長介於可見光與萬分之一公分之間）。

波長
波長指兩個相鄰波峰或波谷之間的距離。

　　馬克士威的理論顯示無線電波與光波應該以某個固定的速度前進，但是這點很難與牛頓沒有絕對靜止標準的理論相容，因為如果沒有標準存在，也不可能對某個物體的速度達成客觀的共識。想了解這點，可以再度想像自己在火車上打桌球。如果你向火車前方打球，對手量到的速度是每小時 10 哩，那麼可預期月台上的觀察者將會認為球以每小時 100 哩的速度前進，其中 10 哩是桌球相對於火車移動，再加上 90 哩火車相對於月台移動。那麼，桌球的速度到底是每小時 10 哩或 100 哩呢？桌球是相對於火車，或是相對於地球運動，這該如何界定呢？缺乏絕對的靜止標準，就不能給定球一個絕對的速度，可以說同一顆球有任何速度，看速度是相對於哪個參考座標測量而定。根據牛頓的理論，同樣的道理適用於光。那麼，馬克士威的理論指光波會以某種固定速度行進，到底是什麼意思呢？

　　為了要讓馬克士威的理論與牛頓理論相容，於是有人提出「以太」的想法，稱這種物質無所不在，包括在「真空」裡。有些科學家覺得正如同水波需要水、聲波需要空氣當做介質一樣，電磁波也需要介質來傳播，因此「以太」的想法對他們帶來某種程度的吸引力。在這派觀點中，光波在以太中行進，正如同聲波在空氣中行進，因此從馬克士威爾方程式所導出的「光波速度」，應該是指相對於以太進行測量。雖然不同的觀察者會看到光以不同的速度前進，但是光波相對於以太的速度會保持固定。

　　這個想法可經由實驗測試。想像有某個來源發出光，根據以太理論，

桌球的不同速度
根據相對論，雖然每個觀察者對同一個物體的速度可能有不同的測量結果，但是結果
同樣成立。

光在以太中行進的速度即為光速。如果我們在以太中朝向光源前進，那麼我們接近光源的速度為「光在以太中的速度」與「我們在以太中的速度」兩者之和，所以光接近我們的速度，會比我們保持不動或是朝其它方向運動更加快速。然而，因為光速相較於我們移向光源的速度還快非常多，所以速度的差異很微小而不易測量。

　　在一八八七年，邁克生（Albert Michelson）（後來成為第一位獲頒諾貝爾物理獎的美國人）和莫里（Edward Morley）在克里夫蘭凱斯應用科學學院（後更名為凱斯西儲大學）進行一場非常謹慎與困難的實驗。他們明白，因為地球以每秒將近 20 哩的速度繞轉太陽，所以實驗室在以太中也是以相當高的速度在運動。當然，沒有人知道以太是朝哪個方向或以哪個速度相對於太陽在運動，或者到底有沒有在運動。他們希望在一年中不同時候（即地球在公轉軌道不同處）重覆進行實驗，以便能夠了解以太的性質。所以，邁克生和莫里設計實驗，比較地球在以太中的運動方向（移向光源時）與其垂直方向（地球未移向光源時）兩者所測得的光速，結果意外發現兩個方向的光速竟然完全相同！

　　在一八八七和一九〇五年之間，有些人試圖挽救以太理論。其中最著名者為荷蘭物理學家洛倫茲（Hendrik Lorentz），他以物體在以太中運動會收縮與時鐘會減慢等理由，來解釋邁克生─莫里的實驗結果。然而，一九〇五年瑞士專利局一位沒沒無名的小職員愛因斯坦提出一篇著名的論文，指

出以太的想法完全沒有必要，只要願意放棄絕對時間的概念即可。數週之後，法國著名的數學家龐加萊（Henri Poincaré）也提出類似的觀點。相較上，愛因斯坦的論點比較接近物理，而龐加萊視此為純粹的數學問題，至死都無法接受愛因斯坦的詮釋。

愛因斯坦提出的理論稱為相對論，基本假設是對於所有自由運動的觀察者來說，科學法則都應該相同，不論觀察者的運動速度為何。這點對牛頓的運動定律也成立，但是愛因斯坦將概念擴張涵馬克士威的理論。換句話說，既然馬克士威的理論指出光速有一個固定值，所以所有自由運動的觀察者，無論朝向或遠離光源的速度有多快，都會測量到一個相同的數值。這個簡單的想法不需要借用以太或其它的參考座標，便可解釋馬克士威方程式中光速的意義，也導出一些驚人且常違反直覺的結果。

例如，所有觀察者必須對光速有相同答案的要求，迫使我們改變對時間的概念。再以行進中的火車為例，第四章談到在火車上拍打桌球的人，可能會覺得桌球了不起移動幾吋而已，但是站在月台上面的人卻會認為桌球在兩次彈跳大約行進了 40 公尺之遠。同樣地，如果火車上的觀察者利用手電筒打光訊號，兩位觀察者對於光行進的距離也不會有共識。既然速度等於距離除以時間，若是兩人不同意光行進的距離，那麼要對光速有共識，唯有兩人對於光所經的時間有不同的答案才可能。換句話說，相對論要求我們終結絕對時間的概念！因此，每個觀察者都會測到自己的時間，

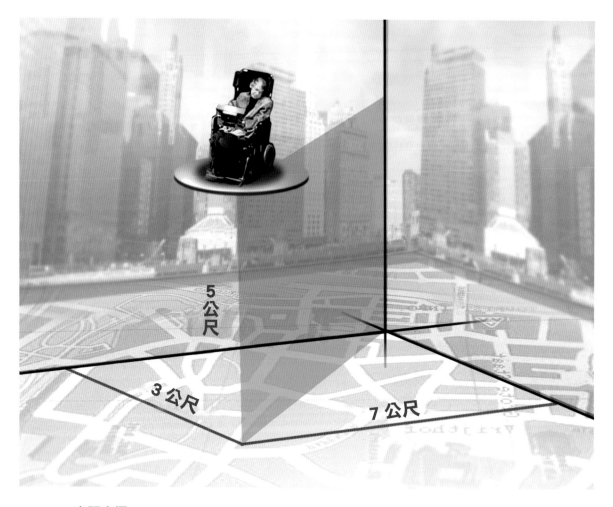

空間座標

我們說空間有三個維度，是指三個數字或座標可限定一點。若將時間加入描述中，則空間會變成「時空」，具有四個維度。

縱使帶著同樣的時鐘，觀察者測得的時間不見得會相同。

　　在相對論裡，無須引入「以太」的概念，正如同在邁克生與莫里的實驗裡，並無法偵測到以太的存在。相對論迫使我們徹底改變時間和空間的概念，我們必須接受時間並未完全獨立於空間存在，而是會結合形成所謂的「時空」。這些概念不容易掌握，即使在物理界中，也經過一段時間才全面接受相對論。這一切見證了愛因斯坦別樹一幟的想像力，以及他對自我邏輯推理的信念，儘管其理論似乎會導出詭異的結果，但他還是勇往前進。

　　我們都知道，在日常生活中可用三個數字（即座標），來描述空間中一點的位置。例如，可以說房間中有一點離一面牆壁七公尺遠，離另一面牆壁三公尺遠，離地板五公尺高；或者，也可以說有一點在經度、緯度與海拔多高之處。我們可以任意選擇三個適當的座標，不過適用範圍有一定的限度。例如，不能將月球的位置描述成在倫敦皮卡迪利（Piccadilly）北方幾哩、西方幾哩與海拔幾呎之處，而是可以描述成月球與太陽的距離、與行星軌道面的距離，以及以太陽為中心，月球位置與半人馬比鄰星形成的交角。不過，這個座標系仍然無法描述太陽在銀河系的位置，或是銀河系在鄰近星系群中的位置。事實上，我們可以用許多重疊的區塊來描述整個宇宙，每個區塊中可以用三個數字為一組的座標，來指定任何一點的位置。

　　在相對論的時空裡，所謂的「事件」指發生在空間中某一點與某個時刻的事情，可以用四個數字或座標確立。同樣地，這裡也可以任意選擇座

標，使用任何三個有明確定義的空間座標與任何的時間度量。但是在相對論中，空間與時間座標並沒有真正的區分，就如同任何兩個空間座標並無區分一樣。我們可以選定一組新的座標，讓新的空間座標成為先前第一個與第二個座標的結合，例如不再說地球上某一點位於皮卡迪利北方與西方幾哩，而是說成在皮卡迪利東北方與西北方幾哩。同樣地，我們可以使用一個新的時間座標，以舊的時間（以秒計）加上與皮卡迪利北方的距離（以光秒計）結合而成。

相對論另一個廣為人知的效應是質（量）能（量）等效，即愛因斯坦著名的方式程 $E = mc^2$（E 是能量，m 是質量，c 是光速）。人們常運用這道公式，計算當一點點質量變成純電磁輻射時，將會產生多少能量（因為光速值超大，這個答案也很大，在廣島爆炸的原子彈其轉換成能量的物質不到一盎斯）。但是這道方程式告訴我們，若是物體的能量增加，其質量也會隨之增加，亦即對速度變化（加速度）的阻力也會增加。

有一種能量形式稱為「動能」（kinetic energy），正如需要能量才可發動車子，要增加物體的速度也需要能量，運動物體的動能相當於讓物體運動所需花費的能量。因此，物體運動的速度越快，所擁有的動能越多。但是根據質量等效，動能會增加運動的質量，所以物體運動的速度越快，要進一步增加物體的速度會越困難。

但是，這種效應只有對以接近光速運動的物體才會顯著。例如，以

10% 光速運動的物質，其質量只較正常增加 0.5% 而已，但是以 90% 光速運動的物體，其質量將是正常質量的兩倍以上。隨著物體接近光速，質量增加會更為迅速，所以需要更多能量才能進一步加速。然而根據相對論，事實上物體永遠到達不了光速，因為那樣質量會變得無限大，而根據質量等效原理，需要無限大的能量才能到達光速。在相對論這點限制下，任何正常物體的運動速度永遠低於光速；只有光或其它不具任何質量的波，才能以光速運動。

　　愛因斯坦一九○五年提出的相對論稱為「狹義相對論」，因為該理論雖然成功解釋光速對於所有觀察者都相同，也能夠描述當事物以接近光速運動時的狀態，但是卻與牛頓的重力理論不相容。牛頓的重力理論指物體無論何時何刻都會彼此吸引，且作用力視當時物體之間的距離而定。這意謂著當一個物體移動位置時，對於另一個物體的作用力也會立即改變。例如，若是太陽突然消失了，按照馬克士威的理論，地球需要等八分鐘之後才會變黑（即光從太陽傳播到地球所需的時間），但是根據牛頓重力理論，地球會立刻停止感受到太陽的吸引而飛離軌道，也就是說太陽消失的效應會以無限大的速度抵達我們，而不是像狹義相對論所指，應該是以光速或低於光速傳播才對。在一九○八年到一九一四年之間，愛因斯坦屢次試圖尋找與狹義相對論相符的重力理論，但都沒有獲得成功，一直到了一九一五年，他終於提出了更具革命性的理論，即今日所稱的廣義相對論。

6
彎曲的空間

Curved
Space

愛因斯坦的廣義相對論提出革命性的基本主張，指出重力不同於其它作用力，是因為時空不平坦所造成的結果，這與先前概念大不相同。在廣義相對論中，時空是受到質量與能量的分佈而產生彎曲，地球等物體不是受重力作用而以圓形軌道運轉，是因為它們在彎曲的空間依循最接近直線的路徑行進所致，即測地線（geodesic）。技術上來說，測地線定義為鄰近兩點之間最短（或最長）的路徑。

幾何平面是一種二維平面，其測地線為直線。地球表面是二維彎曲空間，地球上的測地線稱為大圓線，赤道是一個大圓，地球上任何圓心與球心重合的圓也是大圓（所謂的「大圓」，指這些圓是球面上可畫出的最大圓）。因為測地線是兩個機場之間最短的路徑，所以飛行導航器會指示機師遵循該條航線。例如，從紐約飛到馬德里的時候，可以依照羅盤循同一緯度線往東直線飛航 3707 哩，但是如果循一個大圓飛行，先往東北方向，再慢慢往東飛行，最後再朝東南方，那麼只要飛 3605 哩便可抵達。這兩條路徑在地圖上看起來會騙人，因為球面在地圖中扭曲變平了，當我們往東邊「直線」飛行時，並不是真的直線運動，至少不是最直接的測地線路徑。

廣義相對論中，物體在四維時空中一定是走測地線。在沒有物質的情況下，四維時空裡的測地線相當於三維空間的直線，但是在有物質的情況下，四維時空會遭到扭曲，使得物體的路徑在三維空間形成彎曲，此效應可用傳統牛頓理論的重力吸引作用解釋。這很像看飛機越過丘陵地，或許

地球上的距離
在地球上兩點之間最短的距離
是循大圓行進,在平面地圖上
看起來並非直線。

太空船影子的路徑

太空船在太空中直線飛行，但是在二維球面上的投影將會形成曲線。

飛機在三維空間以直線運動，但是將第三個高度維度去除之後，可發現飛機在起伏的二維地面上會遵循彎曲的路徑。或是想像一艘太空船在太空中以直線飛行並穿越北極上方，將其路徑投影在二維地面，可發現它會沿著北半球某條緯線，走一個半圓形前進。接下來或許更難想像，不過太陽的質量同樣會造成時空彎曲，雖然地球在四維時空遵循直線前進，但是在三維空間裡看起來像遵循一條圓形的軌道。

事實上，廣義相對論與牛頓重力理論並不一樣，但是兩者對於行星軌道的預測，幾乎是一模一樣，最大的差異在於水星的軌道。水星是離太陽最近的行星，受到的重力效應最強，因此軌道相當扁平橢圓。廣義相對論預測水星軌道的橢圓長軸，將會以每一萬年約一度的速率繞轉太陽。雖然這個效應相當微小，但是在一九一五年之前早已被注意到（見第三章），也是愛因斯坦的理論首度獲得證實的效應。近幾年，雷達測量也發現牛頓預測其它行星軌道時出現的微小誤差，結果與廣義相對論的預測相符。

光線在時空中也必須走測地線，而空間彎曲意謂著光在空間中看起來不是走直線，所以廣義相對論預測光應該會受到重力場彎曲。例如，該理論預測若光線通過太陽附近時，由於太陽質量的關係，光線應該會稍微向內彎曲。這意謂著當遠方恆星發出的光，正好通過太陽附近的話，角度會發生一點點偏折，讓地球上的觀察者覺得恆星在不同的位置。當然，如果恆星發出的光一直都通過太陽附近的話，便無從區分究竟是光受到偏折，

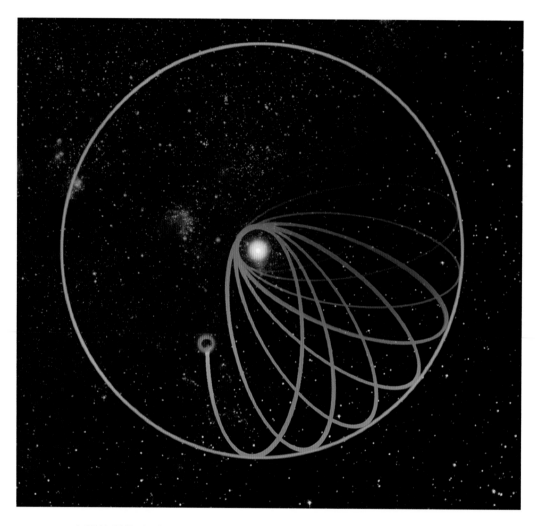

水星軌道的進動
隨著水星不停繞轉太陽，其橢圓路徑的長軸會緩慢旋轉。

或者恆星真的位於看到的地方。不過，因為地球會繞太陽轉動，不同的恆星落到太陽後面，使光線發生偏折，因此恆星彼此的相對位置看起來會有變化。

　　一般很難觀察到這種效應，因為陽光本身過強，讓我們無法觀察接近太陽的恆星，唯有在日食發生時，也就是月球遮住太陽時才有可能。一九一五年日食發生時，因為一次世界大戰的緣故，所以無法觀察愛因斯坦對光線偏折的預測是否為真。直到一九一九年英國探索隊在西非觀測到日食，才顯示出星光確實會受到太陽影響而發生偏折，正如理論所預測。這次探險的結果，等於是英國科學家肯定了德國科學家的理論，被視為是兩國在戰後的一大和解。但很諷刺的是，後來檢視探險隊的照片時，才發現原來誤差值與要測試的效應一樣大，所以這次的測量結果純粹只是幸運，或者是有預設立場的結果而已，這點在科學界並非少見。不過，後來經過幾次測試後，終於確認了光線偏折的效應。

　　另外，廣義相對論也預測時間在接近質量大的物體時（如地球）將會變慢。一九〇七年愛因斯坦首度明白這點，早在他了解重力也會改變空間形狀的五年前，也是他完成廣義相對論的八年前。他從等效原理推導出這項效應，所以等效原理之於廣義相對論所扮演的角色，正如同狹義相對論的基本假設一樣。

　　讓我們回想狹義相對論的基本假設，它指科學法則對於所有自由運動

太陽附近的光線偏折

當太陽正好介於地球與某個遠方恆星之間時，太陽的重力場會使恆星發出的光線發生
偏折，讓恆星的視位置改變。

的觀察者都應相同，無論觀察者的運動速度爲何。大致上來說，等效原則
將這點延伸包括受重力場作用的非自由運動觀察者。若精確地陳述等效原
則，將包含幾個技術要點，例如若是重力場不均勻，則必須將等效原理分
別適用在一系列重疊的小區塊，但是我們在此不討論這些東西。就我們的
目的而言，可以下列方式陳述等效原理：在夠小的空間區域裡，將無法區
分我們是在重力場處於靜止狀態，或是在眞空中進行等加速度運動。

　　想像自己在太空中的一部電梯內，沒有重力或上下，可以自由飄浮。
現在，電梯開始以等加速度運動，你突然感受到重量，也就是感受有股力
量將你拉向電梯的一端，即突然出現的「地板」。若是放掉手中握著的蘋
果，它會掉到地板上。事實上，因爲電梯現在正在加速，裡面每件事情的
發生狀況，都和電梯在均勻的重力場處於靜止狀態時完全一樣。愛因斯坦
了解到，正如同我們在火車內無法區分自己是否在進行等速運動，在電梯
裡面也無法區分自己是在進行等加速度運動，或是在均勻的重力場內，這
便是其等效原理。

　　等效原理與上述的例子唯有在慣性質量與重力質量相等時，才會成立
（慣性質量是牛頓第二定律中的質量，決定作用力會產生多少加速度；重力
質量是牛頓重力法則中的質量，決定物體感受多少重力，見第四章）。這是
因爲若這兩種質量相同，那麼在重力場中的所有物體會以相同速率掉落，
與其質量或重量無關。若是兩者不等效，那麼在重力影響下，有些物體會

掉落得更快，這代表我們可以區分重力作用與等加速度產生的慣性，因為在後者作用下所有物體會以相同速率掉落。愛因斯坦利用慣性質量與重力質量的等效性，推導出等效原理，以及最終的廣義相對論，將人類思考理解的能力發揮得淋漓盡致，推向史無前例的高峰！

現在知道了等效原理，我們可以開始照著愛因斯坦的邏輯，進行另一項思考實驗，顯示為何時間一定會受到重力影響。想像有一艘太空船向太空出發，為方便起見，想像這艘太空船非常長，光線從頭到尾需要一秒鐘才能抵達。最後，假設太空船的天花板與地板各有一位觀察者，他們都帶著相同的時鐘，每一秒鐘滴答一下。

假設天花板的觀察者等到時鐘滴答響時，立刻送一個光訊號給地板的觀察者。天花板的觀察者聽到下次時鐘滴答響之際，又再重覆送出一個光訊。依照這種安排，每個訊號經過一秒鐘被地板的觀察者接收到，所以天花板的觀察者送出的兩個訊號間隔一秒，地板的觀察者也收到兩個間隔一秒的訊號。

若是太空船是停在地面上受重力影響，而非自由漂浮在太空中，情況會有何不同呢？根據牛頓的理論，重力對時間沒有影響，如果天花板的觀察者每隔一秒送出訊號，地板的觀察者會每隔一秒收到訊號，但是等效原理所做的預測並不同。因為重力效應和等加速度的效應相同，現在只要考慮等加速度的情形即可。愛因斯坦正是用這種方式利用等效原理，創造了

新的重力理論。

　　所以，現在讓我們假設太空船正在加速（我們只假設它是緩慢加速，不會接近光速）。既然現在太空船往上運動，第一個訊號要行進的距離比先前更短，所以不到一秒便可抵達。如果太空船以固定速度飛行，第二個訊號會以同樣快的時間抵達，所以兩個訊號間隔的時間仍然是一秒。但是因為加速的關係，太空船在第二個訊號送出的時候，會比第一個訊號送出的時候速度更快，所以第二個訊號要行進的距離會比第一個訊號更短，地板上的觀察者測量到兩個訊號的間隔短於一秒，與天花板的觀察者產生歧見，因為他堅持自己是每隔一秒發出一個訊號的！

　　這種情況發生在加速的太空船中，大概不會教人太過驚訝，畢竟剛剛的解釋很明顯。但是記住，等效原理指這種情況也適用於在重力場處於靜止的太空船，代表縱使太空船是停留在地面的發射台上，若是天花板的觀察者（按照自己的時鐘）每隔一秒送出一個訊號，地板上的觀察者（按照自己的時鐘）收到訊號的間隔將少於一秒，這真令人驚訝啊！

　　或許有人會問，這究竟是重力改變了時間，或者只是弄壞時鐘而已呢？地板上的觀察者可以爬到天花板，與同伴比較兩人的時鐘，確定都是相同的時鐘，並且對於一秒的長度也有了共識，回到地板上他還是會觀察到縮短了的間隔。所以，地板觀察者的時鐘並沒有錯，它測量的是「當地」的時間，不管「當地」在哪裡。正如同狹義相論指出，對於相對運動

的觀察者而言，時間行進有所不同，而根據廣義相對論，對於同一重力場但高度不同的觀察者來說，時間行進也有所不同。廣義相對論顯示，地板上的觀察者測量到訊號之間相隔不到一秒，因為越接近地面，時間會行進越緩慢，而重力場越強，則此效應越大。牛頓的運動定律讓「絕對位置」的想法劃下終點，而相對論則揚棄了「絕對時間」。

這項預測在一九六二年進行實際測試，科學家在一座水塔的頂端與底部各放置一具相當精準的時鐘。結果發現，塔底接近地表的時鐘行進較慢，完全符合廣義相對論的預測。這種效應極為微小，即使在太陽表面的時鐘，一年只會比地球表面的時鐘慢一分鐘而已。不過，在精準的全球衛星定位系統問世後，時鐘在不同海拔高度會有不同速率的特性，有相當重要的用途；若是忽略廣義相對論的預測，估計出來的位置會相差數哩之多呢！

人類的生理時鐘同樣也會受到時間速度改變的影響。以雙胞胎為例，假設一人住山上，一人住在平地，前者會老得比較快，所以等到兩人重逢時，有人會看起來比較老。在這種情況下，年齡差距微不足道，不過若是有一人搭上太空船，以接近光速進行長途旅行，年齡差距便會比較明顯。等待太空旅客歸來之後，會看起來比地球上的手足年輕許多。這種情況稱為「孿生子弔詭」，但只有心中存有絕對時間想法的人們，才會覺得有矛盾之處。在相對論中，沒有絕對時間的存在，每個人都有自己的時間度量，

端看所在位置和運動情況而定。

在一九一五年以前，時間和空間被認為是固定的舞台，事件在其中輪番上演，時間和空間卻不會受到影響。這點縱使在狹義相對論裡也成立，不管物體運動、作用力相吸互斥，時間和空間仍然繼續，不會受到影響。所以，人們很自然會認為空間和時間會永恆持續。但是在廣義相對論裡，情況便大不相同了：空間和時間成為動態的量值，物體運動或施予作用力時，會影響空間和時間的彎曲，而時空結構的改變反過來也會影響物體運動與作用力表現。空間和時間不但會影響宇宙中發生的每件事情，同時也會受到每件事情的影響；正如同我們談論宇宙裡每個事件時，不能不提到空間和時間，同樣地在廣義相對論裡，在宇宙的限制之外談論空間和時間，也是毫無意義的。一九一五年之後，接下來數十年對於時間和空間的新認知徹底改變了人類的宇宙觀。後面會看到，宇宙亙古常存且永恆不變的舊觀念，將被宇宙處於動態且不斷擴張的新觀念所取代：宇宙似乎在過去某個時刻開始，未來可能也會在某個時刻結束。

7
擴張的宇宙

The
Expanding
Universe

在晴朗無月的夜晚望向天際，放眼所見最明亮的星星可能是金星、火星、木星和土星等行星。當然還有無數閃爍的恆星，正如我們的太陽一樣，只是距離非常遙遠。事實上，隨著地球繞轉太陽，有些「恆星」彼此間的相對位置會稍微變動，所以根本不是恆定的！這是因為它們相較上相當接近我們，以遠方恆星為背景襯托下，隨著地球繞轉太陽，我們會從不同位置看到它們。這個道理很像在一條視野開闊的道路上開車，所經樹木的相對位置會隨地平線上的背景而變化，當樹木離我們越近，看起來移動越多。這種相對位置的改變稱為「視角差」（parallax），以恆星來說具有重要的用途，讓我們得以直接測量這些恆星的距離。

　　第一章提到，最近的恆星是半人馬座比鄰星（Proxima Centauri），大約是四光年遠，換算起來是 23 兆哩。大多數肉眼可見的恆星離我們在數百光年遠的地方，相較之下太陽只離我們八光分鐘呢！滿天星星彷彿佈滿夜空，但是特別集中在一條帶狀區域，就是我們說的「銀河」。其實早在一七五○年，就有一些天文學家認為銀河可能是眾多星星集結成一個碟狀構造，即今日所稱的「螺旋星系」。經過數十年後，天文學家赫歇爾爵士（William Herschel）仔細將眾多星星的位置和距離全部畫出來，才確認這點。即便如此，一直到了廿世紀初期才完全獲得認同。今天，我們知道銀河系大約有十萬光年寬，並且緩慢旋轉；旋臂上的恆星繞中央轉動，大約是數億年一次。我們的太陽只是一個中等大小的普通黃色恆星，位在一支旋臂內

視角差

不管是在馬路上開車,或是在太空中旅行,遠近物體的相對位置會隨我們的運動而改變,可以利用這種變化決定物體的相對距離。

緣。如今，我們的宇宙觀和亞里斯多德、托勒密的時代相比，已經大幅演進，當時地球還被奉為宇宙的中心呢！

現代的宇宙觀只能追溯自一九二四年起，當時美國天文學家哈伯（Edward Hubble）證明銀河系並非是天際間唯一的星系，他發現事實上有許多類似的星系存在，中間相隔廣漠無垠的真空。為了證明這點，哈伯需要確定其它星系的距離，但是這些星系距離如此遙遠，看起來像固定不動般，不像我們附近的恆星，無法利用前面提到的視角差現象。因此哈伯被迫使用間接的方法來測量這些星系的距離，於是他從星體的亮度著手。但是一個星體的視亮度不只是由距離決定，還包括放射的光量（光度）；一個黯淡的恆星若離地球夠近的話，會比任何遠方星系裡最閃亮的恆星還明亮呢！所以，為了使用恆星的視亮度來計算其距離，必須先知道恆星的光度。

對於鄰近地球的恆星，其光度可由視亮度計算出來，因為視角差可推知這些恆星的距離。哈伯發現，這些鄰近的恆星可依放射光線的種類而分類，同類型的恆星會有相同的光度，於是他主張若是在其它星系中找到同類的恆星，便能假定它們具有相同的光度，進而計算出它們所處星系的距離。如果能夠在同一個星系中找到許多這種恆星，計算結果也都獲得相同的距離，便能確信自己的估算。結果，哈伯用這種方式計算出九個不同星系的距離。

如今我們知道，肉眼所見的星星不過是滄海一粟。我們大約能看見五

恆星光譜

分析星光的組成顏色，可同時確定恆星的溫度與大氣組成。

千個恆星，只佔銀河系的百萬分之一而已！銀河系不過是用現代望遠鏡看得到超過一千億個星系之一而已，且每個星系都包含超過一千億個恆星。若將恆星譬喻為一顆鹽巴，那麼肉眼可見的五千個恆星用一支湯匙便可盛裝，但是宇宙中所有恆星將可裝滿一個超過八哩寬的球呢！

　　星星距離我們如此遙遠，看起來只是光點而已，無法得知其大小或形狀。但是哈伯已經注意到，有許多不同種類的星星，所以可以靠星光的顏色加以區分。牛頓發現當陽光通過三稜鏡時，其顏色組成（光譜）會分解成為彩虹。特定光源發出各種顏色的相對強度稱為光譜（spectrum），將望遠鏡對準在一個恆星或星系上，同樣也能觀察到該恆星或星系的光譜。

　　從發出的光也可以判斷其顏色。在一八六○年，德國物理學家克希何夫（Gustav Kirchhoff）發現任何物體如恆星等，在加熱時會像煤碳加熱發光般，放射光線等輻射。發光物體之所以會發射光線，是因為內部原子的熱運動，稱為黑體輻射（雖然發光的物體不一定是黑色）。黑體輻射的光譜具特定形式，會隨物體的溫度改變。因此發光物體發出的光有如溫度計讀數，不同恆星所觀察到的光譜永遠都是這個形式，可謂恆星溫度指標的明信片。

　　仔細觀察恆星發出的光線，會獲得更多訊息。科學家發現有某些特定的顏色不見了，而且每個恆星不見的顏色各有不同，這是因為每種化學元素會吸收特定的顏色，所以只要比對恆星光譜有哪些顏色不見了，便可正

黑體光譜

不只是恆星，所有的物體都會因為微觀分子的熱運動而產生輻射，由輻射的頻率分佈可得知其溫度。

確推測出恆星的大氣裡含有哪些元素。

在一九二〇年代，天文學家開始研究其它星系的恆星光譜，結果發現一件十分特別的事情：不見的顏色特徵組合與銀河系裡的恆星相似，不過所有同星系的恆星光譜全部都往紅色那端移動一定的數量。

物理學家知道，顏色或頻率的變動稱爲都卜勒效應。我們都很熟悉聲音的例子，仔細注意街頭來車：當一部車子接近時，引擎（或喇叭）會發出更尖銳的聲音；當車子通過並遠離時，聽起來聲音便較爲低沈。引擎（或喇叭）的聲音是一種波，由連續的波峰與波谷構成，當一輛車子朝我們駛來，所發出的連續波峰會越來越接近我們，所以波峰之間的距離（即聲音的波長）會比車子靜止時更短；當波長越短時，每秒到達我們耳朵裡的起伏越多，則音調或聲音的頻率便越高。相較來說，如果一部車子駛離我們，波長將會變大，則波會以更低的頻率傳到我們的耳朵裡。另外，當車子的速度越快，則此效應越大，所以可用都卜勒效應來測量速度，至於光或無線電波的情況也是相似。事實上，警察便是利用電波脈衝從車子反射回來的波長，來測量與判斷車輛的速度。

第五章談到，可見光的波長極小，介於千萬分之四到千萬分之八公尺之間。不同波長的光在人類眼睛中會成爲不同的顏色，最長的波長位於光譜紅色那端，最短的波長則位於光譜藍色那端。現在想像有一個光源與我們保持一定的距離（如一個恆星），發出的光波具有一定的波長，我們接收

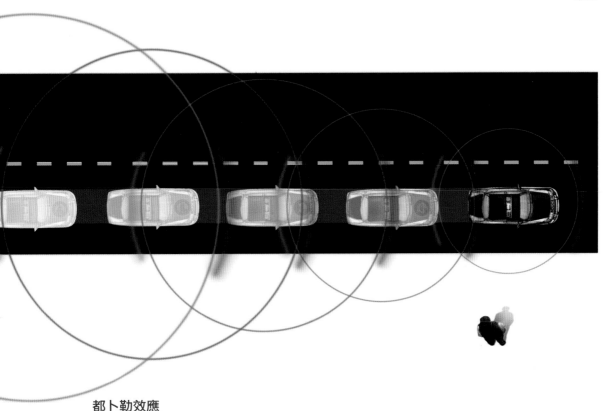

都卜勒效應

當波源移向觀察者時，其波長會變短；當波源遠離觀察者時，其波長會變長，這稱為都卜勒效應。

到的波長會與放射出來的波長相同。現在假設光源開始遠離我們，和聲音的情況一樣，光的波長將會變大，因此光譜會移向紅色那端。

　　在哈伯證明有其它星系存在後，他將時間花在紀錄各星系的距離與觀測光譜上。當時，大多數的人都覺得所有的星系應該都是隨機移動，所以

預期找到的紅移光譜與藍移光譜一樣多。結果大出眾人意料，絕大多數星系都出現紅移，也就是星系都在遠離我們呢！更教人吃驚的發現，是哈伯在一九二九年所做的發表：即使是星系的紅移量也非隨機，而是與我們的距離成正比。換句話說，當星系離我們越遠，遠離我們的速度便越快。這意謂著宇宙非但未保持靜止，而是處於擴張狀態，各星系之間的距離不斷增加當中。

　　發現宇宙正在擴張，是廿世紀人類思想上的一大革命。所謂後見之明，讓人很好奇為什麼從前沒有人想到這點呢？牛頓等科學家應該明白，靜止的宇宙無法保持穩定，因為沒有相當的斥力作用，來平衡所有恆星與星系施加彼此的重力引力。因此，縱使宇宙曾經保持靜止，也不會永遠保持靜止，因為所有恆星與星系互相的重力吸引，將會很快讓宇宙開始收縮。事實上，縱使宇宙正以極緩慢的速度擴張，那麼重力作用最終也會讓宇宙停止擴張並開始收縮，唯有當宇宙擴張超過某個臨界速度，重力才不致於強大到讓宇宙停止擴張，宇宙也才能一直擴張下去。這有點像是火箭發射升空的情況，若是火箭速度太過緩慢，地球的重力最後會使火箭停住，並開始往回掉落地面，但是如果火箭超越某個臨界速度（每秒七哩）的話，重力將不足以拉住火箭，火箭便可以永遠脫離地球了。

　　宇宙的這種行為，用牛頓理論在十九世紀、十八世紀，甚至十七世紀末葉便可預測出來，但是大家對於「靜止宇宙」的信念根深柢固，這種情

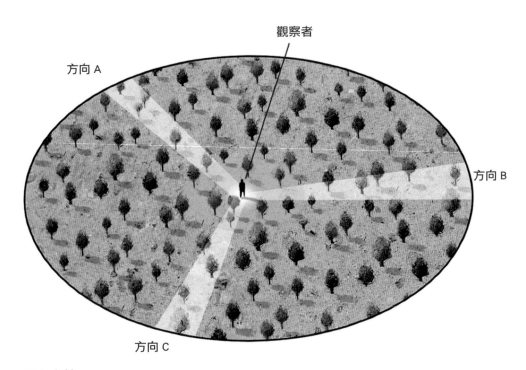

等向森林
即使森林裡的樹木均勻分佈，鄰近的樹木看起來也可能會雜亂相簇。同樣地，我們附近的宇宙看起來並不均勻，但是在大尺度上無論往哪個方向看，大抵是相同的。

況一直持續到廿世紀初期。即使是愛因斯坦在一九一五年提出廣義相對論的時候，他也堅信宇宙必定是靜止的，所以修正自己的理論，將稱為「宇宙常數」的隨意參數引進方程式裡。這個宇宙常數具有一種新的「反重力」（antigravity），它沒有特定的來源，而是時空構造天生具有的特質。由於這種新作用力的存在，時空具有擴張的傾向；藉由調整宇宙常數，愛因斯坦

能調整這種傾向的強度。他發現自己能剛好調整到將宇宙中所有物質的吸引力抵消掉，也才會出現一個靜止的宇宙。後來，愛因斯坦撤回宇宙常數，宣稱這項誤差係數是自己「最大的錯誤」。不過以後會看到，現今我們有理由相信，愛因斯坦引進宇宙常數最終可能還是對的。但是，那時最教愛因斯坦失望的是，他竟然被靜止宇宙的信仰矇蔽了，無視於自己理論預測出宇宙正在擴張的結果。正當愛因斯坦和其它科學家設法避免廣義相對論預測的非靜止宇宙時，似乎只有一個人願意全盤接納廣義相對論，那就是佛列德曼（Alexander Friedmann）。這位俄國的物理學家暨數學家，解釋並預測了擴張的宇宙。

佛列德曼對於宇宙有兩個簡單的假定：無論我們從哪個方向看，宇宙都會相同；無論在其它任何地方觀察宇宙，第一點的假定仍然成立。憑著這兩點假設，佛列德曼指出不應該期待宇宙是靜止不動的。事實上在一九二二年，也就是哈伯重大發現的前幾年，佛列德曼就做出該項預測了。

第一個假設指宇宙在每個方向看來都相同，實際上並不完全正確。例如在銀河系中，就可以看到眾多星星在夜空中匯聚成為一條明亮的星帶。但是如果觀察遠方的眾多星系，會發現其密度分佈大致均勻。所以，如果以星系間距離的大尺度來看，並忽略小尺度的差異時，那麼確實可以說宇宙在每個方向上大致相同。想像站在一座森林中，裡面樹木的生長位置不一定。如果朝一個方向看，發現最近的樹木離一公尺遠；再朝另一個方面

看，或許最近的樹木離三公尺遠；再朝第三個方向看，結果看到兩公尺外有一堆樹木。看起來這片森林似乎不是每個方向都相同，但是若將半徑一哩之內的所有樹木都考慮進來的話，這些差異將會平均掉，結果發現這座森林無論哪個方向看，都是相同的。

有很長一段時間，恆星分布的大致均勻就足以讓佛列德曼的假設成立，因爲它與眞實宇宙大致近似。然而，後來發生一件幸運的意外，讓佛列德曼的假設變成對宇宙驚人的正確描述。一九六五年，兩位在紐澤西州貝爾實驗室的美國科學家潘佳斯（Arno Penzias）與威爾森（Robert Wilson），正在測試一部非常靈敏的微波偵測器（微波就像光波，只是波長約爲一公分左右）。當他們發現偵測器比預期收到更多噪音時，不禁擔心起來。他們發現偵測器上有鳥糞，並檢查其它可能的異常，但很快都排除了嫌疑。這種噪音很特別，在白天黑夜或是一年到尾都相同，也就是與地球自轉與公轉無關。因爲地球自轉或公轉會讓偵測器指向不同方向，所以潘佳斯與威爾森推斷噪音來自於太陽系之外，甚至是銀河系之外，而且噪音似乎每個方向都相同。現在我們知道不管觀察哪個方向，這種噪音變化都是微乎其微，所以潘佳斯與威爾森意外撞到一個大獎，確認佛列德曼的第一個假設，即宇宙在每個方向都相同。

這種宇宙背景噪音的起源是什麼呢？大約在潘佳斯與威爾森研究偵測器噪音的同時，附近的普林斯頓大學有兩位美國物理學家迪奇（Bob

擴張的氣球宇宙

由於宇宙擴張的結果，所有星系都會互相遠離彼此。隨著時間，就像氣球持續變大時上面的各點一樣，距離越遠的星系會比鄰近的星系分離越遠。因此，對於某個星系中的觀察者而言，越遙遠的星系其移動速度會越快。

Dicke）與皮柏斯（Jim Peebles），也對微波發生了興趣。他們正在研究加墨
（George Gamow）的主張，加墨曾經是佛列德曼的學生，他提出早期宇宙
應該是高溫稠密並會發出白熾輻射的看法。迪奇和皮柏斯兩人則認為，現
在應該還看得見早期宇宙發出的亮光，因為光來自極為遙遠的地方，才剛
要抵達地球而已。不過，宇宙正在擴張一事意味著光應該產生極大的紅
移，所以現在看到的應是微波輻射。正當迪奇和皮柏斯計劃尋找微波輻射
時，潘佳斯與威爾森聽聞此事，知道自己已經搶先「賓果」了，兩人因而
贏得一九七八年的諾貝爾獎（顯然這對迪奇和皮柏斯造成重大打擊，更不
用提加墨了）。

　　乍看之下，所有的證據指出宇宙每個方向看起來都相同，似乎顯示出
地球在宇宙中獨一無二的地位。更何況，我們也發現其它所有星系都在遠
離地球，那麼我們肯定是宇宙的中心吧。不過，還可能有另一種解釋，即
每個星系看到宇宙的每個方向都相同，而這正是佛列德曼的第二項假設。

　　對於這第二項假設，並無科學證據加以支持或反駁。幾個世紀之前，
教會可能會視為異端邪說，因為根據基督教義，我們確實在宇宙中心居於
一個獨特的地位。但是我們今天是以幾乎完全相反的理由相信佛列德曼的
第二項假設，即謙卑之道：如果宇宙只有在我們這裡才看起來每個方向都
相同，在其它地方並不一樣，那才教人最驚奇呢！

　　在佛列德曼的模型裡，所有星系都互相遠離，情況很像是一個氣球上

畫有許多點，而氣球正在穩定變大當中。隨著氣球越來越大，任何兩點之間的距離也會隨之增加，但是氣球表面沒有一個點可視爲擴張的中心。再者，隨著氣球的半徑穩定增加當中，若氣球上兩點距離越遠，彼此遠離的速度會越快。例如，假設氣球半徑每秒擴增一倍，原本相隔一公分的兩點，現在變成相隔兩公分（沿著氣球表面測量），所以兩者的相對速度爲每秒一公分。相較上，原本相隔十公分的兩點，現在則相隔廿公分，所以兩者的相對速度爲每秒十公分。同樣地，在佛列德曼的模型中，任何兩個星系彼此遠離的速度與兩者之間的距離成正比，所以他預測星系的紅移應該與地球的距離成正比，正與哈伯的發現相符。儘管佛列德曼提出成功的模型，並預測了哈伯的觀察，然而在西方國家卻鮮爲人知。在哈伯發現宇宙均勻擴張後，直到一九三五年美國物理學家羅伯森（Howard Robertson）與英國數學家渥克（Arthur Walker）才提出與佛列德曼相似的模型。

　　佛列德曼只找到一種宇宙模型，不過若他的假設正確，總共會有三種符合愛因斯坦方程式的解，也就是三種佛列德曼的模型，即三種宇宙可能的運行之道。

　　在第一種佛列德曼發現的解中，宇宙擴張的速度較慢，使得不同星系之間的重力引力足以造成擴張減緩並停止，接著眾星系開始向彼此靠近，讓宇宙產生收縮。在第二種解中，宇宙擴張太過快速，使得重力吸引只能讓膨脹減慢，卻無法完全停止。在第三種解中，宇宙擴張的速度只快到剛

好可避免崩塌，星系分離的速度會越來越小，但是永遠不會變成零。

在第一種佛列德曼模型中，有一個顯著的特徵：宇宙的空間不會變得無窮大，但空間也沒有任何邊界。因為重力過於強大，空間會向自己彎曲，變得像地球表面，雖然範圍有限，但是沒有邊界。當一個人在地球表面循一定方向前進的話，永遠不會遇到無法越過的障礙，也不會跌落邊緣，最終一定可回到原點。在第一種佛列德曼的模型中，空間正像如此，但是有三個維度，不像地球表面只有兩個維度。可以穿過整個宇宙又能回到原點的想法，是很好的科幻小說題材，但卻不太切合實際，因為在能夠繞一圈回來之前，宇宙便已經崩塌歸零了。宇宙是如此之大，旅行者的速度必須快過光速，才能趕在宇宙結束之前回到原點，但這當然是不被允許的！在第二種模型中，宇宙也是彎曲的，但是方式不同。只有在第三種佛列德曼模型中，才會出現大尺度幾何平坦的宇宙（雖然在巨大物體的附近，空間仍然是彎曲的）。

究竟哪種佛列德曼模型才能描述宇宙呢？宇宙最後會停止擴張並開始收縮，還是會永遠擴張呢？

結果，這個問題的答案比科學家原先想的更為複雜。最基本的分析在於兩件事情上：宇宙現今的擴張速度，以及現在的平均密度（一定空間體積的物質含量）。若現今的擴張速度越快，則阻止擴張所需的重力越大，那麼所需物質的密度也越高。如果平均密度大於某個臨界值（由擴張速率決

定），則宇宙中的物質重力吸引將會成功停止宇宙的擴張，並讓宇宙發生崩縮，相當於第一個佛列德曼模型。若平均密度低於某個臨界值，將沒有足夠的重力拉力停止宇宙擴張，則宇宙會永遠擴張下去，相當於第二個佛列德曼模型。若宇宙的平均密度正好是臨界值，那麼宇宙會持續減緩擴張，逐漸接近一個穩定的大小，但是永遠不會到達穩定的大小，相當於第三個佛列德曼模型。

那麼，到底是哪種狀況呢？我們可以利用都卜勒效應，精確測量出其它星系遠離地球的速度，進而決定現今宇宙擴張的速度。這點可做得極為精確，但是我們與眾星系的距離卻無法清楚得知，因為只能用間接方式測量。所以，我們只知道宇宙現今擴張的速度為每十億年擴張 5% 到 10% 左右。然而，對於宇宙現今平均密度的不確定更大，若是將觀察得到的星系裡所有星球的質量相加，即便以宇宙最低的擴張速率估計，總共還不及能讓宇宙停止擴張所需量的百分之一。

不過，事情還沒說完。我們與其它的星系裡必定含有許多無法直接看到的「暗物質」，因為可以看見它們對各星系裡恆星運轉軌道的重力作用。也許，最好的證據是來自於螺旋星系（如銀河系）外圍的恆星，這些恆星繞轉星系的速度太快了，若只靠這些發亮、看得見的恆星彼此之間的重力作用，是沒有辦法留在軌道上的。再者，絕大多數星系都是成群聚集，我們同樣可以推定還有更多暗物質存在於星系團之間，因為它們對於星系的

運動也產生了作用。事實上，宇宙中暗物質的數量超過一般物質許多，但是將所有的暗物質再加起來，還是只能得到讓宇宙停止擴張所需量的十分之一。不過，可能也有其它形式的暗物質均勻分佈在整個宇宙，雖然我們無法偵測到，但或許能提高宇宙的平均密度。例如，存在一種稱為「微中子」的基本粒子，它與物質的交互作用非常微弱，所以極難偵測到（最近的微中子實驗，是在地底下用五萬噸水的偵測器進行）。原本，微中子被認為沒有質量，所以也沒有重力吸引，但是過去幾年的實驗顯示，微中子實際上具有微小的質量，先前都未偵測到。如果微中子具有質量，它們可能是一種形式的暗物質。不過，縱使讓微中子變暗物質，全部加起來的物質還是遠低於讓宇宙停止擴張的所需量，所以在不久之前，大多數物理學家都同意現今的宇宙適用第二種佛列德曼模型。

接著，出現一些新觀測。在過去幾年，有幾個團隊研究潘佳斯和威爾森發現背景微波輻射中的微小漣漪，這些漣漪的大小可做為宇宙大尺度幾何的指標，結果顯示宇宙竟是平坦的（如第三種佛列德曼模型）！既然似乎沒有足夠的物質與暗物質可加以解釋，所以物理學家假設有另一種未能偵測到的物質存在，那就是暗能量。

讓事情更複雜的是，最近還有一些觀測顯示，宇宙擴張的速率事實上並未減緩，而是正在加速當中，卻沒有一個佛列德曼模型適用這個情況。這實在很奇怪，因為空間中的物質，不論其密度高低，作用都只會讓擴張

8
大霹靂、
黑洞與宇宙演化

The Big Bang,
Black Holes,
and the
Evolution of
the Universe

在第一種佛列德曼的宇宙模型中，第四個維度是時間，和空間一樣，在範圍上有限，像是一條有兩端或邊界的線，所以時間有一個結束，也有一個開始。事實上，在所有滿足愛因斯坦方程式的宇宙解中，若含有現今觀察到的物質數量，都會具備有一個重要的特徵：在過去某個時刻（大約是 137 億年前），相鄰星系的距離必定為零。換句話說，整個宇宙都擠壓在尺寸為零的一個點上，像半徑為零的球一樣。在那刻，宇宙密度與時空曲率都是無限大，這個時間我們稱為「大霹靂」。

所有宇宙學理論都是在時空為平滑與近乎平坦的假設上提出，代表所有理論在大霹靂那刻都會瓦解失效，因為該點具有曲率無限大的時空，根本不可能稱為「近乎平坦」！因此，縱使在大霹靂之前有事件發生，也無法用這些事件決定之後會發生什麼事情，因為「預測性」在大霹靂那刻已經瓦解失效了。

同樣地，縱使我們知道大霹靂之後發生什麼事情，也無法推論之前曾經發生什麼事情。就我們而言，大霹靂之前的事件對於現在毫無作用，所以不應該成為宇宙科學模型的一部分，應該將它們剔除於模型之外，讓時間在大霹靂那刻開始。這代表究竟是誰為大霹靂設下條件之類的問題，不再是科學討論的範疇了。

另外一個宇宙尺寸為零引起的無限大問題出在溫度上。在大霹靂那刻，宇宙被認為是無限熱。隨著宇宙擴張，輻射的溫度會減少。既然溫度

就是粒子平均能量（或速度）的一項衡量方法，宇宙的冷卻對於裡面所含的物質，具有重大的效應。在溫度極高的時候，粒子移動非常快速，得以脫離核力或電磁力的束縛，但是當冷卻下來的時候，原本互相吸引的粒子會開始凝聚結合。甚至，宇宙中存在哪些種類的粒子取決於溫度，亦即與宇宙的年齡有關。

亞里斯多德不相信物質是由粒子構成，他認為物質為連續之物，一塊物質可以無限切割成更小塊，絕對不會有一點東西無法再分割下去。不過有幾位希臘哲人如德謨克利特等，則主張物質本質為粒子，物體都是由眾多各式各樣的原子所組成（「原子」的希臘原文即為「不可分割」之意）。如今知道，粒子說是正確的，至少在我們生活的環境中與宇宙現今的狀態裡。但是宇宙裡的原子不是一直都存在，也不是不可分割的，原子只佔宇宙各種粒子中的一小部分而已。

原子是由更小的粒子所組成，包括電子、質子和中子；質子和中子則是由更小的夸克粒子所組成。此外，每個次原子粒子都存在一個對應的反粒子，反粒子與正粒子擁有相同的質量，但是電荷等特性相反。例如，電子的反電子稱為正電子，帶有與電子電荷相反的正電荷。或許有全部由反粒子組成的反世界與反人類，不過當反粒子與正粒子相遇時，兩者會互相消滅。所以如果遇到反自我的話，可千萬不要握手，否則瞬間兩人都會灰飛煙滅呢！

光的能量來自於另一種不具質量的基本粒子，稱為光子。我們附近的太陽是核熔爐，成為地球最大的光子來源。太陽也是微中子（與反微中子）的巨大來源，但是這類極輕的粒子幾乎不與物質反應，以每秒數十億個的比率通過我們卻不產生任何作用。這類基本的粒子總共發現有數十種，隨著時間宇宙經歷複雜的演化，粒子大觀園的組成也隨之演進，讓地球等行星與人類等生物能夠繁衍存在。

在大霹靂一秒之後，宇宙會擴張到讓溫度下降到一百億度，大約是太陽中心溫度的一千倍，也是氫彈爆炸時達到的溫度。在這個時候，宇宙最主要包含光子、電子和微中子，以及這些粒子的反粒子，另外還有一些質子和中子。由於粒子們帶有極高的能量，所以當發生碰撞時，會產生許多不同的粒子／反粒子對，例如光子碰撞後可能會產生電子與正電子。其中有些剛產生的粒子，會與其反粒子碰撞，然後彼此消滅。例如當電子與正電子相遇時，將會消滅彼此，當反轉過程卻不容易：要讓兩個不具質量的粒子（如光子），創造出一個粒子／反粒子對（如電子和正電子），發生碰撞的無質量粒子必須至少具有一定的能量，這是因為電子和正電子都有質量，而這些新創造出的質量必定是來自於相撞粒子的能量。隨著宇宙持續擴張與溫度持續下降，有足夠能量發生碰撞來創造電子／正電子的情況，將會低於兩者互相破壞消滅的速度，所以最後大多數電子和反電子會彼此消滅，創造更多光子，只留下少數電子。另一方面，由於微中子和反微中

子幾乎不會發生交互作用，消滅彼此的速度遠不夠快，所以至今應該還存在。若是能夠觀察得到，便可以對早期宇宙是否處於極熱狀態的觀點，做一個很好的測試。遺憾的是，經過數十億年後，它們的能量太低了，讓我

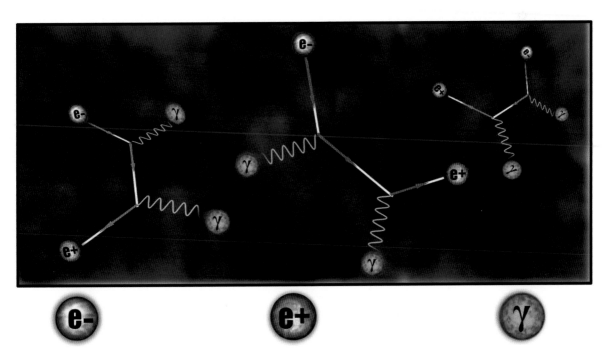

光子／電子／正電子均衡

在宇宙早期，電子／正電子對碰撞創造光子與其逆過程之間，存在一種平衡。隨著宇宙溫度下降，這種均衡發生改變，比較有利於光子的創造。最後宇宙中大多數電子和反電子彼此消滅，現今只留下少數電子。

們無法直接觀測（雖然或許能夠做間接觀測）。

　　大約在大霹靂一百秒之後，宇宙溫度會降至十億度，相當於最熱恆星內部的溫度。在這個溫度下，一種稱為強核力的作用力會扮演重要的角色。強核力是一種短距離的吸引力，可讓質子和中子結合，形成原子核。在溫度夠高的時候，質子和中子會具有足夠的動能（見第五章），在碰撞之後還能保持自由獨立。但是在十億度的時候，它們不再具有足夠的能量逃離強核力的引力，會開始結合形成氘（重氫）的原子核，由一個質子和一個中子組成。氘核接著會與更多質子和中子合成氦核（由兩個質子和兩個中子組成），以及少量的鋰與鈹等較重的元素。從熱霹靂模型中，可以計算出約有四分之一的質子和中子會變成氦核，以及少量的重氫等元素。剩餘的中子會衰變成質子，成為一般的氫原子核。

　　這幅宇宙早期高熱狀態的圖像，首先由科學家加墨（George Gamow）與學生阿爾法（Ralph Alpher）在一九四八年一篇著名的論文中提出。當時，幽默感獨具的加墨試圖說服另一名核子科學家貝特（Hans Bethe）也加入，讓論文的作者順序變成「阿爾法、貝特、加墨」，聽起來正像希臘文的前三個字母「阿爾法、貝他、伽瑪」，對於探討宇宙開端的論文再適合不過了！在這篇論文中，他們做出驚人的預測，指從宇宙早期極高溫階段發出的輻射（以光子的形式）現今應該還存在，但溫度降到只比絕對零度高幾度而已（絕對零度為攝氏 -237 度，在這個溫度物質不具熱能，是最低的可

能溫度）。

　　這就是一九六五年潘佳斯與威爾森兩人發現的微波輻射。在加墨等三人寫論文的時候，大家對於質子和中子核反應的了解並不多，所以對早期宇宙中各種元素比例的預測未盡正確，但是在進一步的研究與重複計算之下，都已相當吻合觀測的結果。此外，也很難找到其它方式解釋爲何宇宙有四分之一的物質以氦的形式存在。

　　但是這幅圖像有其它的問題。在熱霹靂模型中，早期宇宙沒有時間讓熱在不同區域之間流動，意謂著宇宙的初始狀態在每個地方都必須擁有完全相同的溫度，才能解釋現在看往每個方向，都會有相同的微波背景均勻溫度。再者，宇宙初始擴張速率也必須要精密挑選，讓擴張速度極爲接近臨界速度，才可避免再度崩塌。這會很難解釋爲何宇宙正好以這種方式開始，除非是上帝想要創造我們這樣的生物而出手干預。爲了要找到一個宇宙模型，讓許多不同的初始結構都能夠演化出今日這般的宇宙，麻省理工學院的科學家古斯（Alan Guth）提出早期宇宙可能歷經一段快速擴張的時期，這種擴張稱爲「暴脹」，指宇宙有一段時間以加速的方式擴張。根據古斯的說法，宇宙半徑在刹那間增加了百萬兆兆倍，宇宙中任何的不規則都會被擴張扯平，像是吹氣球時上面的皺紋會被撐平一般。在這種方式下，暴脹解釋了許多不同的非均勻初始狀態，都有可能演化出今日平滑均勻的宇宙。因此，我們很有信心找到正確的圖像，至少是大霹靂後十億兆兆分

之一秒時。

　　在初始的大動盪之後，在大霹靂幾個小時之內，氦與鋰等元素停止生成。接下來一百萬年左右，宇宙繼續保持擴張，此外沒有太大變動。最後當溫度下降到幾千度的時候，電子和原子核不再有足夠的動能克服之間的電磁力吸引，於是開始結合成原子。整個宇宙會繼續擴張與冷卻，但有些區域的密度會稍微高於平均，多出來的重力吸引會使擴張減緩。

　　這些引力最終會讓某些區域停止擴張，並開始再度崩塌。在崩縮之時，外圍物質的重力拉扯讓這些區域開始稍微旋轉，而隨著崩縮的區域縮小，會旋轉得更快，就像溜冰選手將手臂縮回時會旋轉得更快一般。最後，當整個區域變得夠小時，旋轉的速度會快到足以抗衡重力引力，於是誕生了碟形旋轉星系。其它沒有旋轉的區域會變成橄欖球狀，稱為橢圓星系。在這類星系中，物質也會停止塌縮，因為星系的各個部份會穩定繞轉中央，雖然星系不會整個旋轉。

　　隨著時間，星系中的氫氣與氦氣會分散成較小的氣雲，最後在自身的重力下崩塌。在氣雲發生塌縮的時候，裡面的原子會彼此碰撞，讓氣體的溫度升高，直到最後溫度高到開始核融合反應，讓氫變成更多的氦。在反應中（有如氫彈爆炸）將熱釋放出來，正是讓恆星發亮的原因。多餘的熱也會增加氣體的壓力，直到足以平衡重力作用，並讓氣雲停止收縮為止。在這種方式下，氣雲開始凝聚成恆星（如太陽），燃燒氫變成氦，產生的能

在脫離速度之上與之下的大砲
往上的不一定會往下掉，如果往上的發射速度超過脫離速度的話。

量以光和熱輻射出去，情況有點像是氣球，內部氣體的壓力（試圖讓氣球擴張）以及橡皮的張力（試圖讓氣球變小）達成一種平衡。

　　當熱氣雲凝聚變成恆星後，會保持長期的穩定，核融合反應的熱會平衡重力吸引。不過，恆星最終會用完氫，矛盾的是，若恆星一開始的燃料越多，也會越快用完燃料。這是因爲當恆星越重，需要更多的熱才能平衡自身強大的重力吸引，而當恆星越熱，則核融合反應越快，也就會越快用完燃料。太陽的燃料大概還夠撐五十億年，但是有些更巨大的恆星，燃料只夠再用一億年，比宇宙的年齡短了許多。

　　當恆星用完燃料時，會開始冷卻，強大的重力讓恆星收縮，而收縮讓原子擠壓在一起，造成恆星再度變得更熱。隨著恆星溫度進一步升高，會開始讓氦氣變成碳或氧等較重的元素。不過，這不會釋放太多的能量，於是造成一個危機。接下來會發生什麼事情，並不十分清楚，可能是恆星的中心區域崩塌成密度極高的狀態，例如黑洞。「黑洞」這個生動的名詞起源相當新，是一九六九年美國科學家惠勒（John Wheeler）所創。相關概念可追溯到二百年前，當時針對「光」有兩派理論，一派是牛頓偏愛的光由粒子組成說，另一派則主張光是由波所組成。現在知道兩種理論都正確，第九章會談到在量子力學波粒二元性之下，光既可視爲波，又可視爲粒子。波與粒子的分野，是人爲創造的概念，自然不需要將所有現象硬用二分法歸類。

　　在光波理論下，並不清楚光在重力作用下會如何反應，但若是將光視為由粒子組成，這些粒子受重力影響的方式，與大砲、火箭與行星都一樣。尤其是，將大砲從地球（或恆星）表面往高空發射時，若是開始發射的速度未超過某個關鍵值的話，最後一定會停住並往下掉落，這個最少的速度要求稱為脫離速度。一個恆星的脫離速度與其重力引力的強度有關，當恆星的質量越大，則其脫離速度越高。起初人們認為光的粒子會以無限大的速度前進，所以重力無法讓光減慢速度，但是自從羅默發現光的前進速度有限時，意謂著重力可能有重要的影響：若是恆星質量夠大，光速將低於恆星的脫離速度，所以恆星所有發出的光，將會掉回來。在這個假設上，一七八三年劍橋的米歇爾（John Michell）在《倫敦皇家學會哲學議事》（*Philosophical Transactions of the Royal Society of London*）上發表論文，指出如果恆星質量大且密度高，則強大的重力會讓光線無法逃脫，也就是從這類恆星表面發出的光線，會被恆星的重力吸引拉回，根本沒有機會逃脫太遠。現在我們稱這類物體為「黑洞」，因為它們正是空間中黑黑的空洞。

　　幾年過後，法國科學家拉普拉斯（Marquis de Laplace）也提出類似的看法，不過顯然是獨立於米歇爾提出的意見。有趣地是，拉普拉斯只在他的著作《世界體系》（*The System of the World*）的第一版與第二版提出這個概念，後來幾版都刪除了，或許他覺得這是一個瘋狂的點子，因為十九世紀光的粒子說也不再受到喜愛，似乎所有現象都可用波理論解釋。事實上，

將光當成牛頓重力理論中的砲彈來處理並不太正確，因為光速是固定的。
從地面往上發射的砲彈會因重力減低速度，最終會停止然後往下掉落，而
光子會一直以固定的速度向上。一直到一九一五年愛因斯坦提出廣義相對
論之後，才對於重力如何影響光出現一個合理的理論，至於重恆星上會發
生什麼事情，則是一九三九年由一位年輕的美國科學家歐本海默（Robert
Oppenheimer）根據廣義相對論提出解決。

　　現在我們從歐本海默研究得到的圖像如下：恆星的重力場會讓光線在
時空中改變方向，與沒有恆星時的路徑不同，這個效應就是日食之際看到
遠方恆星的光線發生彎曲。光線在時間和空間中所遵循的路徑，會稍微往
恆星表面彎曲，而當恆星收縮的時候，會變得更緊密，所以表面的重力場
也會變強（可以將重力場想成是由恆星中央一點散發，隨著恆星縮小，表
面各點會更靠近核心，所以感受到的重力場更強）。隨著越來越強的重力
場，會讓恆星表面的光線路徑更加向內彎曲，最後當恆星收縮到一個臨界
的大小時，恆星表面的強大重力場會讓光線往內彎曲到無法再逃脫。

　　根據相對論，沒有東西可以行進得比光快，因此如果光都不能逃脫，
其它東西也不能，每件東西都被重力場拉回來。崩塌的恆星形成一個時空
區域，裡面所有東西都無法逃脫到遠方的觀測者，即是如今所稱的「黑
洞」，黑洞的外圍邊界稱為事件視界。現在，有了哈伯太空望遠鏡等專注於
X 光與伽瑪射線而非可見光的望遠鏡之後，我們知道黑洞是很常見的現象，

而且遠遠超過人們最初的想像。有個人造衛星在天空一小塊區域裡發現了
1500 個黑洞，另外我們也在銀河系中央發現一個黑洞，質量超過太陽百萬
倍。這個超級大黑洞旁有一個恆星以 2% 的光速繞轉，比原子內電子繞轉原
子核的平均速度更快呢！

　　要想像重恆星崩塌形成黑洞時的景象，首先要記住在相對論裡沒有絕
對的時間。換句話說，每個觀察者對於時間有自己的度量，恆星表面的觀
察者與遠方觀察者的時間經過長短會有所不同，因為恆星表面的重力場更
為強大。

　　假設有一個勇敢的太空人待在崩塌的恆星表面，並隨著恆星往內塌
陷。假設在太空人的手錶 11:00 時，恆星會塌縮至臨界半徑以下，重力場強
到沒有東西可以逃脫。現在假設太空人接到的指令是，按照自己的手錶每
秒鐘送出一個訊號，給離恆星中央一定距離環繞的太空船。太空人在
10:59:58 開始傳送訊號，也就是 11:00 的兩秒前，那麼在太空船的同伴會如
何紀錄時間呢？

　　從前面的太空船思考實驗得知，重力會使時間減慢，而重力越強，效
應越大。在恆星上面的太空人，感受的重力場比環繞恆星的同伴們更強，
所以他的一秒會比同伴時鐘的一秒更長。當太空人跟著恆星塌陷時，感受
到的重力場會越來越強，太空船上接收訊號的夥伴也會發現每個訊號的間
隔越來越久。但是時間延緩的效應在 10:59:59 之前都非常小，在 10:59:58 的

訊號與 10:59:59 送出的訊號之間，等待時間只比一秒鐘略長一點而已，但是對於 11:00 的訊號則必須等待無窮的時間了。

　　從太空船上來看，在 10:59:59 與 11:00 之間（按照太空人的手錶），恆星表面發生的事情將會散佈在一段無窮的時間裡。隨著接近 11:00，恆星的連續光波抵達太空船的時間間隔越來越久，正如同太空人發出的訊號間般。因為光的頻率是計算每秒的波峰與波谷數目，所以對於待在太空船上的人們來說，恆星發出的光線頻率也會持續變低，因此光線看起來越來越紅（與越來越黯淡），直到最後太空船看不見恆星為止，只會在空間中留下一個黑洞。不過，恆星會繼續對太空船施加相同的重力，讓太空船繼續繞著黑洞運轉。

　　然而，這個景象並不完全切合實際，因為存在以下的問題：當離恆星越遠，則重力越弱，因此太空勇士腳部承受的重力，必定大於頭部的重力。這種差異會把太空人拉長像義大利麵般，也就是在恆星收縮至臨界半徑並形成事件視界之前，太空人已被撕裂了。不過，我們相信在宇宙中有更巨大的物體（如星系的中央區域），也可在重力崩塌後形成黑洞（如銀河系中央的超級大黑洞）；在這裡的太空人在黑洞形成之前，並不會被撕裂。事實上，在抵達臨界半徑時，太空人不會有任何特別的感受，踏上「不歸路」那點也不會注意到，雖然在外面的同伴一樣認為他的訊號越隔越遠，最終停止了。不過在進入臨界半徑幾個小時內（根據太空人測量的時間），

隨著整個區域持續崩塌，太空人頭部與腳部的重力差異實在太強了，最終還是沒能逃過被撕裂的命運。

　　有時候當一個巨大的恆星崩塌時，恆星的外圍區域可能會發生超新星大爆炸而飛散開來。超新星爆炸相當巨大，放射的光線甚至會超過整個星系所有恆星的總和。我們看到的蟹狀星雲即是超新星的殘骸，中國人在一○五四年有記錄。雖然爆炸的恆星遠在五千光年之外，但是肉眼可見長達數月之久，明亮到不僅白天可以看到，甚至夜晚也可借光閱讀。若有一個超新星位在十分之一距離遠，也就是五百光年遠的地方，那麼將會明亮百倍，真的可以把黑夜變成白天。要了解這種爆炸的劇烈程度，可想像其光亮可匹敵太陽，距離卻是千萬倍之遠（記得太陽距離地球只有八光分遠而已）。如果超新星離我們夠近的話，或許地球本身仍然無損，但是發出的輻射卻足以殺死所有生物。事實上最近有個假設提出，指約在兩百萬年前、更新世與上新世交界滅絕的海洋生物，可能是由鄰近星系群天蠍—半人馬星協的一個超新星所產生的宇宙射線輻射造成。有些科學家相信，高階生物或許只能在沒有太多恆星的星系區域裡演化而成，稱為「生命區」，因為在密度高的地區，像超新星等現象會太常發生，週期性扼殺剛演化的生物。平均來說，宇宙每天都有十萬個超新星爆炸，每個星系大約一百年會出現一次超新星。不過這只是平均而論，遺憾的是（至少對天文學家來說）上次紀錄銀河系發生超新星是在一六○四年，正巧在望遠鏡發明之前。

潮汐力

由於重力會隨距離遞減，腳部比頭部離地心更近一、兩公尺，所以地球對腳部的拉力超過頭部。這種差異極為微小，我們平時不會感覺到，但是對於接近黑洞表面的太空人來說，真的會被撕裂。

下次最有可能在銀河系出現超新星爆炸的恆星是 Rho Cassiopeiae，慶幸的是它離我們有一萬光年遠，所以不用擔心。這顆恆星屬於黃色超巨星，銀河系裡已知只有七個。自一九九三年起，一個國際天文學家團隊開始進行研究，在接下來幾年觀察到這顆超巨星的溫度歷經周期性起伏變化，上下溫差為幾百度。二○○○年夏天時，溫度突然從攝氏七千度驟降至四千度，同時也偵測到大氣裡含有二氧化鈦，相信是因為巨大的震波讓恆星外層噴發而出。

在超新星中，有些在恆星生命盡頭生成的較重元素，會被拋回到星系裡面成為下一代恆星的材料。我們的太陽擁有 2% 較重的元素，因為太陽是第二代或第三代的恆星，約在五十億年前由一團旋轉氣雲形成，裡面含有之前殘餘的超新星物質。氣雲裡面大部分的氣體形成太陽或散開，但少量較重的元素凝聚形成物體，變成現今環繞太陽的行星（如地球）。黃金珠寶與核反應爐裡面的鈾，都是在太陽系誕生之前的超新星殘餘物呢！

當地球剛凝聚成形時，溫度極高且無大氣。隨著時間發展，地球冷卻下來，岩石釋放氣體形成大氣。早期的大氣無法令人存活，因為沒有氧氣，卻含有許多有毒的氣體如硫化氫（蛋臭掉的味道就是由這種氣體造成），但是有許多原始型態的生物可以在這種條件下繁衍。科學家認為這些生物從海洋中發展出來，可能是因為原子隨機合成巨分子（macromolecules），這種大型結構能夠將海洋中其它原子組合成相似的結構。因此，巨

分子可以自我複製與繁衍，但有時在複製的過程中會出錯，大部分錯誤讓新的巨分子無法再行自我複製，最後便損壞了。然而，有些錯誤會製造出新一代具有更佳複製能力的巨分子，因此獲得了優勢，容易取代原有的巨分子。在這種方式下，演化過程開始了，發展出具有自我複製能力又越來越複雜的有機體。最初的原始生命型態會吸取包括硫化氫在內的各種物質，並排放氧氣，逐漸改變大氣的成份，最後形成今日的大氣層，並允許高階的生命型態出現，例如魚類、爬蟲類、哺乳類，以及最後的人類。

在廿世紀，可看到人類宇宙觀的轉變：我們了解地球在浩瀚宇宙裡的微不足道；發現時間和空間彎曲不可分，且宇宙正在擴張，時間則具有一個起點。

這幅宇宙從高溫開始並擴張冷卻的圖像，是以愛因斯坦的廣義相對論為基礎，與今日所有觀察證據都吻合，是該理論的一大勝利。不過，由於數學無法真正處理「無限大」的量值，而廣義相對論預測宇宙始於大霹靂，這個時點上宇宙密度與時空曲率皆為無限大，所以廣義相對論預測在宇宙中有一個時點，理論本身會瓦解失效，這種點正是數學家所稱的「奇異點」。當理論預測有密度與曲率為無限大的奇異點存在時，是理論必須經過修正的一個跡象。廣義相對論並不是完整的理論，因為無法說明宇宙如何開始。

除了廣義相對論，廿世紀也誕生了另一項偉大的部份理論，即量子力

學。量子力學涉及尺度極小的現象，大霹靂圖像告訴我們，在宇宙初生之際必定存在一個時刻，那時宇宙小到讓我們縱使研究大尺度的結構，也無法忽略小尺度的量子力學效應。下一章會看到，我們想要完全認識宇宙從開端到結束的一切，最佳的希望是結合這兩項部分理論，成為一個量子重力理論，讓一般的科學法則在所有地方都成立，包括時間的開端，而無需訴求任何奇異點的存在。

9
量子重力

Quantum
Gravity

科學理論的成功，尤其是牛頓重力理論的成功，讓法國科學家拉普拉斯在十九世紀初主張宇宙完全是可決定的。拉普拉斯相信，應該有一套科學法則存在，讓我們（至少原則上）能夠預測宇宙會發生的每件事情。這些法則唯一需要輸入的是宇宙在任何一個時刻的完整狀態，稱為初始條件或邊界條件（邊界可以指空間或時間的邊界；空間的邊界條件指宇宙外圍邊界的狀態，假如宇宙有邊界的話）。拉普拉斯相信，根據一套完整的法則和適當的初始或邊界條件，應該能夠計算宇宙任何時間的完整狀態。

初始條件的要求可能很符合直覺：現在不同的狀態，當然會導致未來不同的狀態。至於空間邊界條件的要求則比較微妙，但原則是相同的。物理理論的方程式一般可能會有差異甚大的解，只有靠初始或邊界條件才能決定哪個解適用。這有點像是銀行帳戶，你的進出金額很大，但最後是破產或是富有，不只是要看進出的總額，還要看原先帳戶開始有多少錢的邊界或初始條件。

如果拉普拉斯是對的，那麼只要給定宇宙現在的狀態，法則會告訴我們宇宙過去與未來的狀態。例如，只要給定太陽與行星的位置和速度，便能利用牛頓定律計算出接下來太陽系前後任何時間的狀態。就行星的例子而論，決定論似乎是再明顯不過了，畢竟天文學家都已能十分精準地預測日食之類的事情。但是拉普拉斯進一步主張，也有類似的法則支配萬事萬物，包括人類的行為。

　　科學家真的有可能計算出我們未來一切的行為嗎？一杯水含有 1024 個
分子，現實中永遠沒有希望得知每個粒子的狀態，更不用說整個宇宙或甚
至是我們身體的完整狀態。不過所謂宇宙決定論，指的是縱使沒有能耐做
所有的計算，我們的命運卻是已決定的。

　　科學決定主義受到許多人強烈反對，覺得這破壞了上帝主宰世界的自
由，但是科學決定論一直是科學的標準假設，到了廿世紀初才發生改變。
當時，英國科學家瑞利公爵（Lord Rayleigh）與琴斯爵士（Sir James
Jeans）計算受熱物體如恆星所釋放的黑體輻射量（見第七章），出現了人類
最終必須揚棄科學決定論的第一個徵兆。

　　根據當時相信的法則，熱物體在各種頻率會釋出等量的電磁波。如果
這是正確的話，可見光譜中每個顏色都會釋放等量的能量，其它各種頻率
的微波、無線電波或 X 光等也是如此。一個波的頻率指波每秒上下振動的
次數，即每秒的波數。熱物體要在所有頻率釋放等量的波，在數學上表示
在頻率零到百萬赫之間每秒所釋放的能量，應該和頻率在百萬赫到兩百萬
赫之間每秒所釋放的能量一樣多，也應該和兩百萬赫到三百萬赫之間每秒
所釋放的能量一樣多，以此無限類推下去。假設頻率在零到百萬赫之間的
波每秒放射出一單位的能量，頻率在百萬赫到兩百萬赫之間的波也一樣，
以此無限類推下去。所以，所有頻率放射的總能量將會是 1+1+1+1…，無
限相加下去。既然每秒波數沒有上限，所以能量總和沒有止境。以此推

可能最黯淡的光

光線越黯淡，表示光子越少。任何顏色可能最黯淡的光，是一個光子所帶有的光。

論，放射的總能量應該也是無限的。

　　為了避免這種荒謬的結果，一九○○年德國科學家普朗克（Max Plank）提出不同的見解，他認為可見光、X 光與其它各種電磁波只能以某種個別的「封包」釋出，他稱之為「量子」，現在我們稱光的量子為光子（見第八章）。當光的頻率越高，則能量越大，因此，雖然特定顏色或頻率的所有光子都相同，但是普朗克的理論指不同頻率的光子帶有不同量值的能量，這表示在量子理論中，最黯淡的光（一個光子帶有的光），其能量多寡取決於顏色。例如，紫光的頻率為紅色兩倍，所以紫光每個量子所具有的能量，是紅光每個量子的兩倍，也就是說最黯淡的紫光所具有的能量，將是最黯淡紅光的兩倍。

　　這如何解釋黑體的問題呢？黑體在任何頻率能發出最小的電磁能量，是由該頻率的一個光子所攜帶，當頻率越高時，光子的能量越大，因此當頻率比較高的時候，黑體所發射的最低能量也比較高。當頻率夠高時，甚至一個量子的能量就超過一個黑體所有，在這種情況下光無法發出，讓先前永無止境的總和劃下句點。因此在普朗克的理論中，由於高頻率的輻射會減少，所以物體喪失能量的速率也會有限，解釋了黑體問題。

　　量子假設對於觀察到的熱體輻射速率解釋得很好，但是對科學決定論的意義直到一九二六年才凸顯出來，那時另一位德國科學家海森堡（Werner Heisenberg）提出了著名的測不準原理。

　　測不準原理告訴我們，不同於拉普拉斯想法，自然確實對我們用科學法則預測未來的能力加諸限制。因為要預測一個粒子未來的位置和速度，必須要能夠精準測量其初始態，也就是粒子現在的位置和速度。一個很明顯的方法是將光照射在粒子上，有些光波會被粒子反射回來，觀測者偵查到後，便可以指出粒子的位置。然而，粒子位置的可能測量誤差，不會小於所使用光波的波長，所以必須用短波長的光，即高頻率的光，才能更準確測量粒子的位置。但是，根據普朗克的量子假設，我們不能使用任意一點點的光，而是必須至少使用一個量子，其頻率越高則能量越高。因此，想要越精準測量粒子的位置，發射的光子能量越高越好。

　　但是根據量子理論，即使是一個光子也會擾亂粒子，以無法預測的方式改變粒子的速度，而且若使用的量子能量越高，則可能造成的擾動越大。這表示想要越精準測量位置，也就是必須使用能量越高的量子，則粒子速度受到的擾動會越大。所以，想要越精準測量粒子的位置，對速度的測量便越不精準，反之亦然。海森堡指出，粒子的「位置不確定性」乘以「速度不確定性」乘以「粒子質量」，會大於或等於一個固定值，這表示若將位置的不確定砍一半，則速度的不確定會加倍，反之亦然，自然永遠限制我們得有所取捨。

　　這種有所取捨、不可兼得的情況有多嚴重呢？要看上面提到的「一個固定值」高低而定，此數值稱為「普朗克常數」，是一個十分微小的數字。

因為普朗克常數如此微小，這種取捨與量子理論上的效應有如相對論的效應，在日常生活中不會直接觀察到（雖然量子理論確實影響我們的生活，因為是現代電子學等領域的基礎）。例如，將一公克重的桌球定位在直徑一公分的誤差範圍內，那麼可精準指出其速度，遠遠超過所需知道的程度。但是相較上，要將一個電子的位置精準定在一個原子內，那麼對其速度的精準度最多只到每秒正負一千公里的範圍內，根本算不上是精準呢！

再者，測不準原理的限制與測量粒子位置與速度的方法，或是粒子的種類都無關。海森堡的測不準原理是放諸四海皆準的基本原則，對於我們觀看世界的方式具有十分深遠的影響，縱使在七十多年後，仍然有許多哲學家無法完全接受其意義，也依然是爭議的話題。拉普拉斯曾經有一個科學理論或宇宙模型完全是決定論的夢想，但是測不準原理為此敲下喪鐘。測不準原理告訴我們：若是連正確測量宇宙現在的狀態都不可得，更別說是正確預測未來的事件了！

我們還是可以想像有一套法則存在，讓觀察宇宙現狀卻不會造成擾動的超自然造物主，據此決定所有事件的發展。不過，這種宇宙模型對於凡夫俗子沒太大用處，還是借用奧卡姆剃刀，也就是簡便原則，將理論中所有觀察不到的特徵剔除。一九二〇年代，海森堡、薛丁格和狄拉克（Paul Dirac）便是依據這種精神，以測不準原理為基礎將牛頓力學改造成為新的量子力學理論。在量子力學中，粒子不再具有個別明確的位置與速度，而

是在測不準原理的限制下，具有位置和速度組合而成的「量子態」。

　　量子力學具備的一項革新特質，是不會對觀察做出單一明確結果的預測，而是預測許多不同的結果與其機率。也就是說，如果有人對於許多相似的系統進行相同的測量，每次都以相同的方式開始，將會發現有多少測量的結果是 A，有多少測量的結果是 B 等等。我們可以預測結果是 A 或 B 的次數大約為何，但是無法預測個別測量的特定結果。

　　例如，想像自己在射飛鏢。根據古典理論（非量子理論），飛鏢不是射中靶心，要不然就是沒射中靶心。若知道丟飛鏢時的速度、重力拉力等等因素，便能計算飛鏢是否會射中靶心。但是量子理論指出這是錯的，我們並無法確定。相反地，根據量子理論，飛鏢射中靶心有一定的機率，飛鏢落在靶上其它地方的機率也不是零。就飛鏢這麼大的物體來說，若古典理論（此處適用牛頓法則）指飛鏢會射中靶心，那麼可以很安全地假定飛鏢會射中靶心，至少根據量子理論，飛鏢不會射中靶心的機率小到你一直用完全相同的方式射飛鏢，射到天荒地老、宇宙完蛋之際，也永遠不會看到飛鏢錯過靶心。但是在原子尺度上，物質的行為則不同。一個原子構成的飛鏢，或許有90%的機率射中靶心，5%的機率落在鏢靶其它地方，5%的機率完全錯過鏢靶。我們無法事先知道會是哪種情況，只能在重覆實驗許多次後，可預期每一百次平均有九十次飛鏢會射中靶心。

　　因此，量子力學將無法避免的不可預測性或隨機性等元素帶進科學

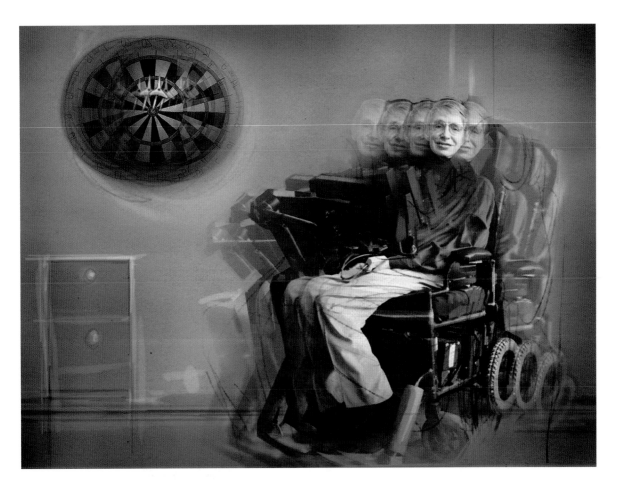

模糊開來的量子位置

根據量子理論，我們不能無限精準地指出一個物體的位置和速度，也無法精確預測未
來事件的軌跡。

裡。愛因斯坦對此非常排斥，儘管他在發展這些觀念上扮演重要角色。雖然曾因對量子理論的貢獻而獲頒諾貝爾獎，但是愛因斯坦從未接受宇宙是受機率支配的概念，他以一句「上帝不會玩骰子！」的名言，道盡心中的感覺。

前面提過，科學理論的考驗在於是否能夠預測一個實驗的結果。量子理論限制我們的能力，是否代表量子理論也對科學產生限制呢？如果科學便是進步，我們做科學的方式必須依循自然的啟發，自然在此要求我們重新定義何謂「預測」：我們或許無法精準預測一個實驗的結果，但是可以重覆實驗許多次，確認各種可能結果的發生是否在量子理論預測的機率之內。因此，儘管有測不準原理，我們仍不需要放棄這個世界是由物理法則支配的信仰。事實上，絕大多數科學家都樂意接受量子力學，因為它與實驗完美吻合。

海森堡測不準原理具有幾項重要意義，其中一項指出粒子在某些方面的表現有如波動。如前面看到，粒子沒有明確的位置，反而以某種機率分佈「模糊開來」。同樣地，雖然光是由波組成，但是普朗克的量子假說也指出光有某些方面的行為表現如粒子組成，只能以封包或量子為單位吸收放射。事實上，量子力學以嶄新的數學型態為基礎，不再以粒子或波來描述宇宙本質。基於某些目的，將粒子想成波有幫助，有時候則將想波想成粒子比較好，這些思考方式只是求方便而已，這就是物理學家稱在量子力學

中，波和粒子具有「二元性」的意思了。

在量子力學中，粒子波動的思考方式會有重要的效果，讓我們可以觀察兩組粒子形成的干涉現象。一般而言，干涉被認為是波才有的現象，當波相遇而一組波峰與另一組波谷重疊時，就會形成「反相」，兩組波會互相抵消，而不是大家所想的會相加增強。以光的情況而論，一個常見的干涉例子是肥皂泡泡上出現的繽紛色彩，這是因為泡泡薄膜兩面反光造成。原本，白光是由各種不同波長（或色彩）的光波所組成，當肥皂泡泡上某些波長的波峰與反射波長的波谷重疊而相互抵消時，這些波長所對應的顏色便從反光中消失，頓時讓泡泡變成彩色了。

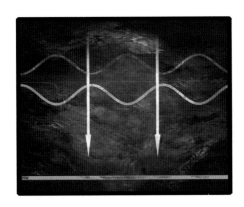 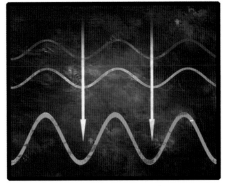

同相與反相
若兩個波的波峰與波峰或波谷與波谷互相重疊，會產生一個更強的波，但如果是波峰與波谷互相重疊，則兩個波會互相抵消。

不過，根據量子力學提出的二元性概念，粒子也會發生干涉，「雙縫實驗」便是著名的例子。想像一片隔板上有兩道平行的狹縫，在我們思考粒子穿越狹縫會發生什麼事情之前，先來考慮用光線照射的情況。在隔板一邊放置會發出特定顏色（即特定波長）的光源，大部分的光會打到隔板上，但是少部分會穿越狹縫。現在假設在隔板後方、遠離光源處放置一面屏幕，屏幕上任一點都會收到穿越兩道狹縫抵達的波。不過，光從源頭穿越某道狹縫到達屏幕某點的距離會有差異，既然行進的距離不同，從兩道狹縫而來的波在抵達屏幕該點時將不會同相，有些地方兩個波的波峰與波谷相遇而互相抵消，有些地方兩個波的波峰與波峰或波谷與波谷重疊而互相增強，在大多數地方的情況則是介於這兩者之間，結果會出現明暗相間的典型干涉條紋。

令人稱奇地是，當使用具有明確速度的粒子源（如電子）取代光源時，結果也會得到相同的明暗圖案（根據量子理論，若電子具有明確的速度，則所對應的物質波具有明確的波長）。假設只有一道狹縫，並開始向隔板發射電子，大部分電子會被隔板擋住，但是有些電子會通過狹縫，到達另一邊的屏幕上。此時，似乎可以很合理推想若打開另一道狹縫，只會增加電子擊中屏幕各點的數目而已，但實際上打開第二道狹縫時，電子擊中屏幕上某些點的數目會增加，某些點則會減少，電子的表現不像粒子，反而像波發生了干涉。

現在想像每次只送一個電子通過狹縫，還會產生干涉嗎？有人可能會想每個電子只會通過其中一道狹縫，所以應該與干涉圖案沒有關係。然而，事實上每次只送一個電子通過狹縫的話，仍然會出干涉圖案，因此每個電子必定同時通過兩道狹縫，跟自己發生了干涉。

粒子之間的干涉現象，讓我們對於原子結構的認識具有關鍵影響，而原子正是組成人類與宇宙萬物的基本單位。在廿世紀之初，人們還認為原

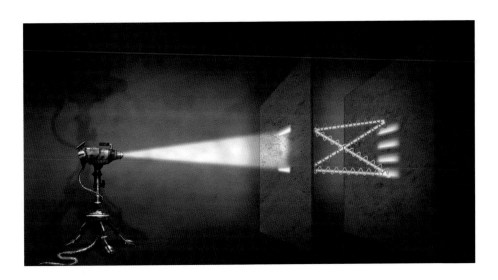

路徑距離與干涉
在雙縫實驗中，波穿越上下兩道狹縫到達屏幕上的距離，隨在屏幕上落點的高低而有所變化。結果，有些位置的波會彼此增強，有些位置的波會彼此抵消，形成了干涉條紋的圖案。

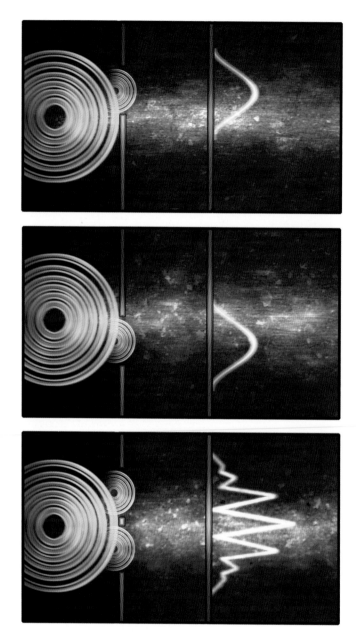

電子干涉

由於干涉的緣故，送一道電子束穿越兩道狹縫的結果，和單獨送電子束穿越單個狹縫
的結果並不同。

子與繞轉太陽的行星很像，由帶負電的電子環繞中央帶正電的原子核運轉，正電與負電之間的吸引力讓電子保持在軌道上，如同太陽與行星之間的重力引力讓行星保持在軌道上。然而在量子力學問世以前，這種原子模型已存在問題，因為古典力學與電磁學法則都預測以這種方式繞轉的電子會釋出輻射，造成能量喪失而向內旋轉，直到與原子核碰撞為止。這意味著原子與所有物質都會迅速崩塌成為高密度的狀態，然而卻明顯與事實不符。

　　一九一三年，丹麥科學家波耳（Niels Bohr）解決了部分的問題。他指出，或許電子只能在與原子核相隔特定距離的軌道上運轉，不是任意軌道都可以。再假設這些特定距離的軌道上只能有一、兩個電子運轉的話，那麼便可以解決原子會崩塌的問題了，因為一旦裡面軌道的有限數目填滿之後，電子就無法再向內旋轉。這個模型清楚解釋了最簡單的氫原子構造，氫原子只有一個電子繞轉原子核。但是如何將模型擴大適用在更複雜的原子上並不清楚，而且何謂「有限的容許軌道」，概念也像是拼湊而成；這是數學上的技巧，沒人知道為什麼自然應該以這種方式運行，或者代表背後有無更深沈的法則。新的量子力學理論解決了這道難題，將環繞原子核的電子想成是波，波長與速度相關。現在，如波耳所假設，將波想像成以一定的距離環繞原子核，有些軌道的長度相當於電子波長的整數倍，每次波峰都會在相同位置，所以波會彼此增強，這些軌道便相當於波耳所說的容許軌道。然而，有些軌道的長度並非是電子波長的整數倍，隨著電子不斷

繞轉，最終波峰可能會被波谷抵消掉，這些軌道便不是容許軌道。現在，波耳的容許軌道與禁止軌道的法則，有了一個解釋。

　　有一個很好的方法可以想像波粒二元性，是美國科學家費曼（Richard Feynman）提出來的歷史總和論（sum over histories）。在這種方法中，粒子不是像非量子的古典理論一樣，在時空中只有一個歷史或路徑，而是行經 A 點到 B 點的所有可能路徑。每條路徑都有幾個相關數字，有一個代表波

原子軌道的波

波耳將原子想像成是由不斷環繞原子核的電子波所組成。在他的想像中，只有周長相當於整數倍電子波長的軌道，才不會因破壞干涉而消滅。

的振幅（大小），有一個代表波的相位（在周期中的位置，如波峰、波谷或
兩者之間）。一個粒子從 A 點到 B 點的可能性，便是將連接 A 點到 B 點所
有路徑的對應波全部相加而得。一般來說比較相鄰的路徑時，相位會差異
甚大，代表與這些路徑對應的波幾乎會完全抵消掉。然而，有些鄰近路徑

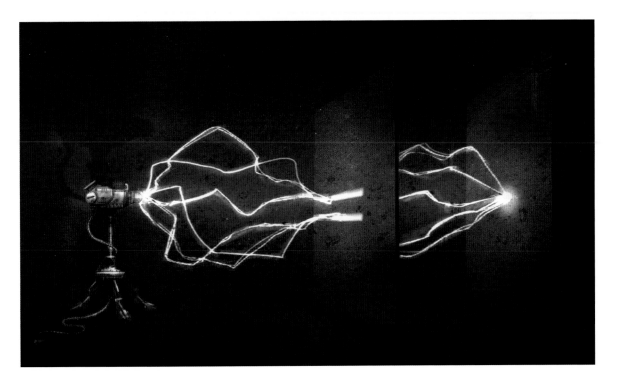

眾多電子路徑
在費曼表述量子理論的方式中，如圖中從源頭到屏幕上的粒子，會行經每個可能的路
徑。

的波相相差不大，這些路徑的波不會互相抵消，這些路徑便相當於波耳的
容許軌道。

　　將這些概念運用在具體的數學公式上，可直接計算出更複雜的原子、
甚至是分子的容許軌道（分子是由許多原子結合在一起，電子不只繞轉一
個原子核）。既然分子結構與交互作用是所有化學與生物學的基礎，所以量
子力學在測不準原則的限制下，原則上幾乎可以讓我們預測周遭所有事物
（不過，除了最簡單、只包含一個電子的氫原子之外，我們無去解出其它原
子的方程式，而是使用近似與電腦來分析更複雜的原子和分子）。

　　量子理論是一項傑出成功理論，幾乎是所有現代科學與科技的基礎：
它支配了電晶體和積體電路的運作，這些都是現代電視和電腦等電子產品
的必要裝置；另外，它也是現代化學和生物學的基礎所在。目前在自然科
學中，量子力學尚未完全攻克的一塊領域是重力與宇宙大尺度結構。前面
提到，愛因斯坦的廣義相對並未將量子力學的測不準原理考慮在內；但如
果想與其它理論相符的話，應該將測不準原理考慮在內才對。

　　上一章談過，我們已經知道廣義相對論必須改變。古典廣義相對論預
測有密度無限大的奇異點存在，也預測了自身的瓦解，正如同古典力學指
出黑洞應該會輻射無限的能量，或是原子會崩塌壓縮成無窮大的密度一
樣，也預測了自身的瓦解。和古典力學一樣，我們希望將古典廣義相對論
融入量子理論裡，消除這些讓人難以接受的奇異點，也就是創造出一個完

整的量子重力理論。

　　如果廣義相對論是錯的，為何至今所有的實驗都支持它呢？現今還未發現廣義相對論與觀察產生歧異，是因為我們一般感受的重力場極為微弱。然而前面提過，當宇宙早期所有物質與能量都集中在一點的時候，重力場應該非常強大，而在這麼強大的重力場下，量子力學的效應將會十分重要。

　　雖然我們尚未擁有重力量子理論，但是知道它應該具備的一些特徵。首先，它應該納入費曼的提議，以歷史總和的方法來表述量子理論。終極理論應該具備的第二項特徵，是愛因斯坦認為重力場可由彎曲時空代表的想法：粒子在彎曲的空間裡會走最接近直線的路徑，但因為時空並非平面，所以路徑會因重力場的關係而呈現彎曲。將費曼的歷史總和論套用在愛因斯坦的重力觀點上，某個粒子的歷史可類比成一套完整的彎曲時空，代表了整個宇宙的歷史。

　　在古典重力理論裡，宇宙的行為表現只有兩種可能的方式：宇宙若不是已經存在無限久的時間，便是發生在過去某個時刻，從一個奇異點開始。基於前面討論的理由，我們相信宇宙並不是永恆存在，然而若宇宙具有一個開始，那麼根據古典廣義相對論，為了要知道哪一個愛因斯坦方程式的解可以描述我們的宇宙，必須知道宇宙的初始態，也就是宇宙如何開始。或許上帝原先已制定自然律法，但是似乎祂之後放手不再介入，任憑

宇宙按照這套律法演進。祂如何選擇宇宙的初始態或結構呢？時間開端的邊界條件是什麼？在古典廣義相對論中，這是一個問題，因爲古典廣義相對論在宇宙開始之際瓦解失效了。

但是另一方面，重力量子理論出現一種新的可能性，或許可以解救問題。在量子理論中，時空可能有限度，但是不需要形成邊界或邊緣的奇異點；時空將有如地球表面，只是多了兩個維度。前面指出，如果在地球表面朝著某個方向前進，永遠不會遇到無法橫跨的障礙或是跌落邊緣，最終會回到起點，不會遇到奇異點。所以假若如此，那麼量子重力理論將開啓一個全新的可能性，不會有讓科學法則瓦解的奇異點存在了。

如果時空沒有邊界，便無須限定在邊界的行爲，也不需要知道宇宙的初始態。若時空不具邊緣，那麼我們無須訴諸上帝或新法則，來設定時空的邊界條件，我們可以說：「宇宙的邊界條件是沒有邊界。」宇宙將會完全自然完備，除了本身之外不會受到任何外在事物影響。宇宙既不是被創造，也不會被破壞，宇宙本身就是存在。若是我們相信宇宙有開始，那麼似乎創造者仍可能有清楚的角色。但如果宇宙真的是完全自然完備，沒有邊界或邊緣，沒有開始或結束，那麼「造物主到底做了甚麼」，就不那麼明顯了。

10
蟲洞與時間旅行

Wormholes
and
Time
Travel

前一章已經看到，人類對於時間本質的觀點如何演進。直到廿世紀初，人們還相信絕對時間，也就是認為每個事件都可以用稱為「時間」的數字，以獨特的方式標示出來，而所有好的時鐘對於兩個事件的時間間隔會有一致的答案。然而，自從發現不管觀察者的速度為何，光速都保持相同之後，相對論因而誕生，讓我們必須拋棄「絕對時間」的概念。事件的時間無法以獨特的方式標示，而是每個觀察者會依據自己帶的時鐘，對於時間有自己的度量，不同觀察者各自帶的時鐘不一定會吻合。因此，時間變成比較個人化的概念，與哪個觀察者做度量有關。不過，人們還是將時間當成是一條直線軌道，每次只會朝一個方向走。但是，如果軌道有迴圈與分岔，可以讓一直往前開的火車回到剛經過的車站呢？換句話說，有沒可能旅行到過去或未來呢？名科幻作家威爾斯在《時光機器》中探索了這些可能性，還有更多數不清的科幻小說家也熱衷此道。想想看，從前許多科幻點子如今都成為實實在在的科學，包括潛水艇與登月之旅，那麼時間旅行的前景呢？

　　旅行到未來是有可能的。因為相對論顯示有可能創造出時光機器，讓我們在時間上往前跳躍。當我們跨進時光機器裡，經過一段時間再出來後，會發現地球上的時間過得比自己更快。現在還沒有科技可以建造時光機器，但這只是工程問題而已，假以時日必定可以辦到。其中有一個建造時光機器的辦法，是利用第六章提到孿生子詭論的情況。在這種方法中，

時光機器
本書兩位作者坐在時光機器中。

我們坐進時光機器裡發動機器，加速到接近光速的程度，持續一段時間後（根據要在時間上往前多久而定），接著返程。時光機器也是太空船，這點應該不會令人驚訝，因爲根據相對論，時間和空間是相關的。不管如何，在整個過程中我們唯一待的「地方」都在時光機器裡。當跨出時光機器時，會發現地球上經過的時間比時光機器裡更久，我們已經旅行到了未來。但是能夠回來嗎？能不能創造回到過去的必要條件呢？

一九四九年哥德爾（Kurt Gödel）發現廣義相對論容許一種新時空，首次揭露物理法則可能容許時光之旅的第一道曙光。雖然有許多的宇宙數學模型都可滿足愛因斯坦的解，但是不代表相當於我們生活的宇宙，它們可能擁有不同的初始條件或邊界條件。我們必須檢查這些模型的物理預測，才能決定它們是否可對應於我們的宇宙。

哥德爾是一位有名的數學家，他證明不可能證明所有眞實的陳述，即使只是證明像算術那般清楚明確的眞實陳述也不例外。就像測不準原理，哥德爾的不完備定理對於我們了解與預測宇宙的能力，或許會形成一種根本的限制。他是後來和愛因斯坦待在普林斯頓高等研究院時，才開始認識廣義相對論；他的時空具有整個宇宙都在旋轉的奇怪特質。

什麼叫做整個宇宙都在旋轉呢？所謂「旋轉」指不停繞圈轉動，那不是暗示有一個靜止的參考座標存在嗎？所以，有人可能會問道：「相對於什麼旋轉呢？」這個答案有點技術性，基本上就是指在宇宙裡，遠方的物質

會相對於陀螺儀等慣性轉動裝置所指的方向而進行旋轉。在哥德爾的時空中，這個解會產生一個數學副作用，若是遠離地球一大段距離再返回的話，有可能會在出發之前回到地球。

這項特性讓愛因斯坦十分沮喪，因為他認為廣義相對論不應允許時間旅行。不過，雖然哥德爾發現的解滿足愛因斯坦的方程式，卻和我們生活的宇宙不一樣，因為觀測顯示宇宙沒有在旋轉，至少並不顯著，而且哥德爾解也不像我們的宇宙會擴張。然而，後來科學家研究愛因斯坦方程式，又找到廣義相對論裡有允許回到過去的其它時空，只是從對微波背景以及氫、氦等元素含量的觀察，顯示早期宇宙並沒有這些模型所要求的彎曲，足以容許時間旅行。若是無邊界假說正確，那麼也會獲得相同的結論。所以，問題變成：即便宇宙開始的時候，沒有這種時間旅行所需的彎曲，那麼之後可否讓局部地區的時空產生彎曲，使得時間旅行成為可能呢？

同樣地，既然時間和空間是相關的，那麼是否能旅行回到過去的問題，想當然耳也與超光速旅行可否的問題緊密相關。從時間旅行聯想到超光速旅行，是很自然的事情：因為若最後一段旅程是回到過去，那麼可輕意讓整個旅程所花的時間縮短成任意短暫的時間，也就是能以無限的速度旅行呢！但是，反過來也適用：若是能以無限的速度旅行，也可以旅行回到過去呢！兩者息息相關，無一不可。

對於科幻小說家來說，超光速旅行是相當值得關心的問題。問題在於

根據相對論，如果送一艘太空船到最近的恆星、距離四光年的半人馬座阿爾法星，至少要等待八年的時間，太空人才能回來報告發現。若是要到銀河系中心探險，至少要花十萬年才會回來，這些對於要寫星際大戰的作者來說實在不妙。不過，相對論還是可以讓我們稍感安慰，即第六章談到的**孿生子弔詭**：太空旅客的旅程會比留在地球時顯得更短。然而，如果太空旅客歸來，卻發現不過幾年的光陰，地球上的家人朋友卻早在數千年前已告別人世，這教人情何以堪呢？為了勾起讀者的興趣，科幻作家必須假設我們有一天可以做超光速旅行。但是大多數的作家沒想到，如果能夠旅行得比光速更快，那麼根據相對論，也可以旅行回到過去，一如下面的打油詩：

懷小姐（Wight），
快過光（Light），
今朝走，
相對行，
前晚回。

這之間連結的關鍵在於，相對論不但指出沒有一個獨特的時間測量方法可讓所有觀察者都同意，甚至在某些情況下，觀察者無須同意兩事件發

生的先後順序。尤其是，若兩個事件 A 與 B 在空間上距離如此遙遠，使火箭必須以超光速旅行才能從事件 A 到事件 B，那麼兩個運動速度不同的觀察者，對於究竟事件 A 發生在事件 B 之前，或事件 B 發生在事件 A 之前，可能會出現不同的看法。例如，假設事件 A 是二○一二年奧林匹亞運動會百米決賽，事件 B 是半人馬座阿爾法星 100,004 屆國會開議，對於一個地球上的觀察者而言，事件 A 發生在前，而事件 B 發生在後，例如是一年以後，也就是地球時間二○一三年的時候。由於地球和半人馬座阿爾法星相距四光年之遠，這兩個事件滿足上述標準：雖然 A 發生在 B 之前，但是從 A 到 B 必須做超光速旅行。那麼，對於在半人馬座阿爾法星上以接近光速離開的觀察者而言，看起來事件發生的順序顛倒過來了，事件 B 會發生在事件 A 之前。這名觀察者可以主張，若是做超光速旅行的話，那麼有可能從事件 B 到事件 A。事實上，如果速度夠快的話，也可以從 A 趕在決賽開始前回到半人馬座阿爾星，下注的話，就可以因為先知道誰會勝出而穩贏了。

　　想突破光速障礙，存在一個問題。相對論指出，隨著太空船越來越接近光速，便需要越來越多的動力來加速，這方面的實驗證據不是來自真的太空船，而是利用費米實驗室或 CERN 的粒子加速器，以基本粒子進行的實驗獲得。實驗顯示，雖然可以將粒子加速到 99.99% 的光速，但是不論再加入多少能量，都無法讓粒子超越光速障礙。同樣地，不管太空船具備多少火箭動力，也都無法加速超越光速。光速障礙似乎同時去除了極速太空

蟲洞
如果蟲洞存在，可以做為捷徑，連接空間中相距遙遠的區域。

旅行與回到過去的可能性。

　　不過，還有一條可能的出路，就是使時空產生彎曲，讓 A 和 B 之間出現一條捷徑，其中一個方式是在 A 和 B 之間創造一個蟲洞。顧名思義，「蟲洞」是一條狹小的時空通道，可以連接平坦空間中兩個遙遠的區域。這有點像是在遇到一座高山，正常想到另外一側的做法，是爬到山頂再爬下來，但是如果有一個巨大的蟲洞貫穿山腳的話，就不必那麼辛苦了。我們想像創造或發現一個蟲洞，可以從太陽系貫穿到半人馬座阿爾法星，雖然地球與半人馬座阿爾法星在太空中實際相距 20 兆哩遠，但是穿越蟲洞的距離可能只有數百萬哩而已。若是透過蟲洞傳遞百米決賽的新聞，或許有足夠時間趕在國會開議之前送達，但是一個朝向地球運動的觀察者應該也能夠找到另一個蟲洞，讓他可以從半人馬座阿爾法星國會開議後，趕在百米

決賽開始前回到地球。所以，蟲洞和其它超光速旅行一樣，可以讓我們回到過去。

連接不同時空區域的蟲洞，並不是科幻作家發明的產物，而是「系出名門」。一九三五年，愛因斯坦與羅森（Nathan Rosen）發表一篇論文，指出廣義相對論容許「橋樑」的存在，即今日所謂的「蟲洞」。愛因斯坦—羅森橋並不持久，無法讓太空船通過，因為蟲洞會立刻崩縮產生奇異點。雖然有人指出或許有更先進的文明能夠讓蟲洞保持開放，然而要維持蟲洞的開放，或是想用其它方式使時空彎曲到可容許時間旅行，都需要像馬鞍面的負曲率時空。一般的物質具有正能量密度，讓時空有正曲率，像是球體表面。所以，為了要讓時空彎曲到可以回到過去，需要帶有負能量密度的物質。

何謂具有負能量的密度呢？能量有點像是錢：如果收支餘額為正，那麼可以用各種方式支配。只是根據廿世紀大家相信的古典法則，能量不可透支成為負值，所以古典法則排除負能量密度以及時間旅行的可能性。不過前面幾章提過，古典法則已經被以測不準原理為基礎的量子法則凌駕了。量子法則更為自由，可允許透支一、兩個帳戶，只要總餘額為正即可。換句話說，量子理論允許某些地方的能量密度為負值，只要其它地方有正能量密度彌補，讓總能量保持為正就好了。因此我們有理由相信，時空可以彎曲，並且可以彎曲到容許時空旅行所需要的程度。

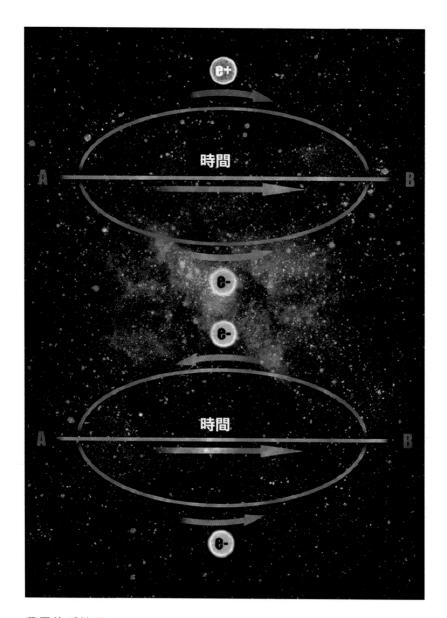

費曼的反粒子

反粒子可視為粒子在時間上往後運動，因此虛粒子／反粒子對可想成是一個粒子，在封閉的時空迴圈裡運動。

　　根據費曼的歷史總和論，在單一粒子的尺度上時間旅行是會發生的。在費曼的方法下，一個正常的粒子在時間上往前，相當於是一個反粒子在時間上往後移動。在費曼的數學裡，可以將一起創造與一起消滅的粒子／反粒子對，視為在一個封閉的時空迴圈裡運動的單一粒子。要了解這點，首先以傳統的方式想像這個過程：在 A 時，一個粒子與反粒子創造出來，兩者都在時間上往前，接下來在 B 時，兩者相遇並消滅彼此，所以在 A 時之前與 B 時之後，兩個粒子都不存在。不過按照費曼的說法，可以用不同的方式看待這個過程，在 A 時一個粒子創造出來，它在時間上前進到 B 時，接著在時間上往後回到 A 時。所以，現在不是一對粒子與反粒子一起在時間上向前運動，而只有一個粒子在一個「迴圈」裡運動，從 A 到 B 再返回來。當一個物體在時間上往前運動（從 A 到 B），稱為粒子；但是當物體在時間上往後運動（從 B 到 A），看起來就像是一個反粒子在時間上往後運動。

　　這種時間旅行會產生可見的效應。例如，因為粒子／反粒子對中有一方（假設是反粒子）掉入黑洞，留下另一個沒有夥伴可以互相消滅的粒子。這個被拋棄的粒子可能也會掉進黑洞，或是從黑洞附近脫逃。若是如此，對於遠方的觀察者來說，看起來好像是一個粒子被黑洞釋放出來。不過，對於黑洞輻射的機制，還有另一個同樣直覺的想像：可以將粒子對中掉進黑洞的一方（假設是反粒子），看做是在時間上往後旅行而離開黑洞的粒子。當它抵達粒子／反粒子對一起出現的那點時，會受重力場作用，散

射成爲一個在時間上往前的粒子，逃離了黑洞。同樣地，如果掉進黑洞的是粒子，也可以當成是反粒子在時間上往回走而逃離黑洞。因此，黑洞輻射顯示量子理論在微觀尺度上允許旅行回到過去。

因此，可以問道：假以時日科技進步了，量子理論可能允許我們建造時光機器嗎？乍看之下，應該是可以。費曼的歷史總和觀點是指「所有」歷史，因此應該包括允許旅行到過去的彎曲時空。然而，縱使已知的物理法則並未排除時間旅行的可能性，還是有其它理由讓人提出質疑。

其中一個問題是：如果有可能回到過去，爲什麼沒看見有人來自未來，告訴我們應該如何做呢？或許是考慮到人類目前的發展仍過於原始，告訴我們時間旅行的機密或屬不智，但我認爲除非人性丕變，否則很難相信來自未來的訪客不會洩露半點機密。當然，有些人宣稱看見 UFO 的蹤影，正是外星人或未來的人類來訪的證據（考慮到其它恆星距離如此遙遠，如果外星人要在合理的時間到達地球，也需要超光速旅行才行，所以兩者的可能性相當）。對於爲何不見來自未來的訪客，有一個可能的解釋是過去已經確定了，而我們已經看到過去並不具允許時間旅行所需的時空彎曲。另一方面，未來是未知且開放的，所以未來可能有時間旅行所需要的彎曲。這意謂著時間旅行只能侷限在未來，庫克船長和星艦企業號沒有機會出現在我們眼前。

這或許能解釋爲何還沒有未來的訪客來打擾我們，但卻無法避免回到

過去篡改歷史所引起的問題：為什麼我們的歷史沒有出現麻煩呢？例如，如果有人回到過去，向納粹透露原子彈的機密；或是回到過去，將尚未娶妻生子的高曾祖父殺死。這個弔詭有許多版本，不過本質上都相同：若是能夠自由改變過去的話，將會引發衝突。

　　對於時間旅行引發的弔詭，可能有兩種解答。我稱第一種為相容歷史說（consistent histories approach），指縱使時空彎曲程度讓回到過去有可能，發生在時空裡的事情必須時時符合物理法則的解。根據這項觀點，你無法回到過去，除非歷史顯示你已經回到過去，而且你也不能殺掉高曾祖父，或是做任何與現有事實相違背或相衝突的事情。再者，當你回到過去的時候，無法改變白紙黑字的歷史，只能遵守歷史。在這派觀點中，過去與未來都已注定，我們沒有自我意志可任意行事。

　　當然，有人會說自由意志本來就是一種幻覺。如果真的有完整的統一理論支配萬事萬物，應該也會決定你的行為。但是事實上，對於像人類這般複雜的生物是無法做計算的，而且根據量子力學效應，多少會涉及到一點隨機性。所以，我們說人類具有自由意志，是因為無法預測人類的行為，然而如果有人登上火箭並在出發之前回來的話，我們將可以預測這個人的行為，因為都已是歷史紀錄的一部分。因此，在這種情況下，時光旅客將不具自由意志。

　　另一種或許可以解決時間旅行弔詭的方法，稱為分岔歷史說（alterna-

tive histories hypothesis）。此概念是指當時光旅客回到過去時，會進入不同
歷史紀錄的分岔歷史，所以可以自由行動，不受必須符合先前歷史的侷
限。導演史匹柏曾在電影《回到未來》（*Back to Future*）中把玩了這個概念，
讓主角麥克菲能夠回到過去撮合父母，變成令人更滿意的歷史。

　　分岔歷史說聽起來很像費曼以歷史總和來表達量子理論的方式（見第
九章）。該理論指出，宇宙並不是只有一個歷史，而是具有每個可能的歷
史，各有各自的機率。然而，費曼的理論與分岔歷史說之間具有重大的差
異，在費曼的歷史總和論中，每個歷史包含一個完整的時空以及所有東
西。雖然時空可能會彎曲到容許搭乘火箭回到過去，但是火箭還是會留在
相同的時空裡，也就是相同的歷史中，所以必須要一致。因此，費曼的歷
史總和論似乎是支持相容歷史說，而非分岔歷史說。

　　若是所謂「時序保護猜想」（chronology protection conjecture）成立的
話，應當可以避免這些問題，指物理法則會設法防止巨觀物體攜帶訊息回
到過去。雖然這個猜想尚未證實，但是有理由相信此猜想為真。理由在於
若時空彎曲到可允許回到過去的話，依據量子力學的計算顯示，在封閉迴
圈裡不斷繞行的粒子／反粒子對，會創造極大的能量密度而給予時空正曲
率，並抵消允許時間旅行的彎曲。不過，現今還不清楚究竟是否如此，所
以時間旅行仍然有可能。只是最好別下注，對手可能熟知未來的一切，那
你就輸定了。

11
自然作用力
與物理統一

The Forces
of Nature
and the Uni-
fication of
Physics

第三章談到，很難在單一理論中建構出包含宇宙萬事萬物的完整統一理論，所以必須先找出部分理論，也就是描述有限範圍的事情，並忽略其它效應或取其近似。現在我們所知道的科學法則含有許多數字，像是電子電荷，以及質子與電子的質量比，至少目前為止還是無法從理論預測這些數值，而是必須靠測量得知，然後代入方程式裡。有些人稱這些數值為基本常數，有些人則稱為「作弊參數」。

不管抱持哪種觀點，令人驚奇的是，這些數值簡直像是經過精細調整，讓生命發展成為可能。例如，若是電子的電荷值稍有不同，便會破壞恆星裡面電磁力與重力作用的平衡，使恆星無法燃燒氫與氦，或者無法爆炸；不管如何，生命都不會存在。我們最終還是希望找到完整一致的統一理論，能夠完全包括近似的部分理論，而且不需要任意挑選特定參數（如電荷強度）代入，仔細調整後才能符合實際觀測。

對於這種理論的探尋稱為「物理統一」，愛因斯坦後來大半時間都花在尋找統一理論上，然而當時時機未臻成熟，雖然有重力與電磁力的部分理論，但對於核力所知極為有限。另外，第九章提到愛因斯坦不肯相信量子力學，然而測不準原理是宇宙的基本特質，因此成功的統一理論一定得納入。

現在我們對宇宙的認識更加深入透徹，所以找到統一理論的希望更加濃厚了。但是得小心別自信過度，在物理史上曾有幾次希望落空呢！例如

在廿世紀初，人們認為所有東西都可以用連續物質的特性來解釋，例如彈性和熱傳導。但是，原子結構與測不準原理的發現，讓這股論調落幕。一九二八年事情再度重演，諾貝爾獎得主波恩（Max Born）對哥丁根大學（Göttingen）一群訪客說道：「物理學再過六個月就結束了。」他的自信是

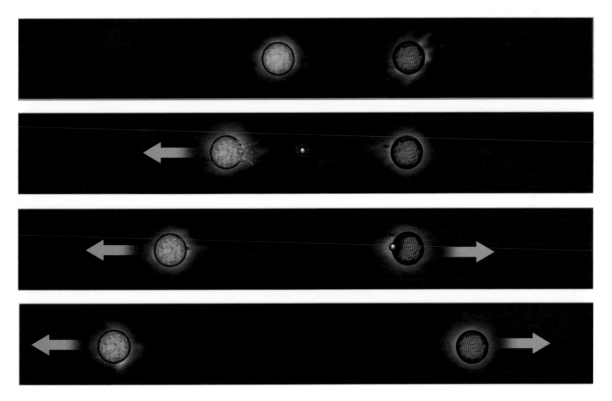

粒子交換
根據量子理論，作用力是因為作用力粒子交換所造成。

因為狄拉克剛發現電子方程式，那時人們認為如果找到類似的質子方程式（質子是當時已知的另一種粒子），應該就是理論物理的終點了，然而中子和核力的發現又再推翻一切定論。不過即使有這些失敗的歷史，我還是相信有審慎樂觀的理由，可以說現在真的接近探尋宇宙終極法則的終點了。

在量子力學中，物質粒子之間的作用力或交互作用，都是由粒子所攜帶。物質粒子（如電子或夸克）會釋出一個作用力粒子，造成的反彈會改變物質粒子的速度，接著作用力粒子與另一個物質粒子發生碰撞並被吸收，而碰撞會改變第二個粒子的運動。釋出與吸收過程的淨效應，彷彿兩個物質粒子之間有作用力一般。

每個作用力都是由自己獨特類型的作用力粒子傳遞。若是作用力粒子的質量很大，將會很難在長距離下生成與交換，所以攜帶的作用力只會在短距離有效。另一方面，若是作用力粒子質量為零，那麼作用力的範圍將會是長距離。在物質粒子之間交換的作用力粒子稱為虛粒子，因為它不像「實」粒子，無法直接由粒子偵測器觀察到。不過，我們知道虛粒子確實存在，因為可偵測到其效應：它們會在物質粒子之間造成作用力。

作用力粒子可以分為四類，但要強調的是這些分類完全是人為的，方便部分理論的建構，並無其它意義。大多數物理學家最終都希望找到統一理論，可以將四種作用力解釋為同一作用力的不同面向，許多人也認同這是今日物理學的首要目標。

　　第一種要介紹的基本作用力是重力。重力具普適性，全宇宙中每個粒子都會根據其質量或能量感受到重力作用，可想成是稱為重力子（graviton）的虛粒子交換所致。重力在四種作用力中最為微弱，若不是具備兩項特質，否則我們難以察覺，第一項特質是重力會在長距離作用，第二項特質是重力永遠是吸引力。這表示兩個巨大物體裡個別粒子之間的重力作用，累加起來會產生顯著的作用力，例如地球與太陽之間。其它三項作用力不是只作用在短距離上，就是同時具有引力與斥力而常互相抵消掉。

　　第二種作用力是電磁力，只與帶電粒子（如電子與夸克）交互作用，不會與未帶電粒子（如重力子）作用。電磁力比重力強上許多，兩個電子之間的電磁力比重力強上百萬兆兆兆倍（1 後面有 42 個零）。然而，因為有正電與負電兩種電性，兩個正電粒子或兩個負電粒子之間的作用力是斥力，正電粒子與負電粒子之間的作用力是引力。

　　一個巨大的物體如地球或太陽，幾乎包含相同數目的正電粒子與負電粒子，因此物體內部個別粒子之間的引力與斥力幾乎會完全相抵，剩下的淨電磁力極為微小。不過，在原子和分子的小尺度，電磁力的影響至鉅，例如帶負電的電子與原子核中帶正電的質子之間的電磁引力，就是造成電子會繞轉原子核的原因，如同重力吸引造成地球繞轉太陽般。電磁引力可以想像成是大量稱為光子的虛粒子交換而成，同樣地被交換的光子也是虛粒子。不過，當電子跳到另一個離原子核比較近的軌道時，會釋放能量並

釋出一個實光子，若波長正確的話，便成為可見光，或者是可用光子偵測器（如相機底片）觀察得到。同樣地，當實光子與原子發生碰撞時，可能會讓電子換到另一個離原子核較遠的軌道上，這會用盡光子的能量，讓光子被吸收。

　　第三種作用力稱為弱核力，我們平日不會直接接觸這種作用力，而是與放射能（即原子的衰變）有關。直到一九六七年，我們才對弱核力有清楚的認識，那時倫敦帝王學院的薩拉姆（Abdus Salam）和哈佛的溫柏格（Steven Weinberg）皆提出理論，將弱核力與電磁力統一，猶如馬克士威約在一百年前成功統一了電力與磁力。這項理論的預測與實驗相當吻合，所以薩拉姆和溫柏格在一九七九年共同獲得諾貝爾物理獎，另一名獲獎的科學家是哈佛大學的格雷瑟（Sheldon Glashow），他也提出相似的電磁力與弱核力統一理論。

　　第四種作用力是強核力，在四種作用力中最強。我們與強核力也不會直接接觸，但卻是讓日常世界凝聚成形的作用力。強核力可以讓質子和中子裡面的夸克結合，再讓質子和中子在原子核內部結合。若是沒有強核力，正電質子之間的電子斥力，會讓宇宙裡每個原子核散裂，除了氫氣的原子核之外，因為氫核裡面只有一個質子。據信強核力是由稱為「膠子」（gluon）的粒子所攜帶，只會與自身及夸克交互作用。

　　由於電磁力與弱核力成功統一的結果，促使更多人嘗試將這兩種力與

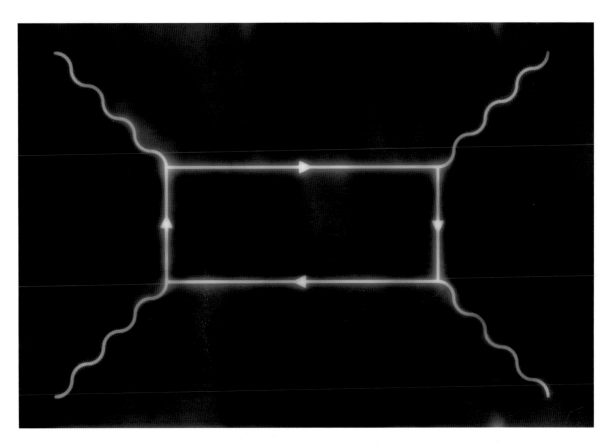

虛粒子／反粒子對的費曼圖
將測不準原理用在電子上時，顯示即使在真空裡，也會有虛粒子／反粒子對不停共生
共滅。

強核力結合，變成所謂的「大統一理論」（grand unified theory, GUT）。這個名稱有點誇張，因為產生的理論沒那麼偉大，也未完全統一，因為未包括重力在內；GUT 也不是真正完整的理論，因為包含許多無法預測數值的參數，必須選擇與實驗相符者代入。不過，這離最終完整的統一理論，還是向前邁進了一步。

要將重力與其它理論合併，最大困難之處在於重力理論（即廣義相對論）是唯一不是量子理論的理論，未將測不準原理納入。然而，因為其它作用力的部分理論本質上都需要量子力學，所以要將重力與其它理論統一，首要任務在於找到方法將測不準原理融入廣義相對論裡，但是至今還沒有人能夠提出重力量子理論。

重力量子理論之所以如此困難，理由在於測不準原理意謂即使在「真空」裡，也充滿著虛粒子／反粒子對；如果「真空」果真空無一物，那麼表示所有力場（如重力場和電磁場），都會完全是零。不過，力場強度與其變化速度有如粒子的位置和速度（位置變化）一樣，依照測不準原理，對於某個值了解越多，對另一個值便越無法精確掌握。因此，若是真空中的某力場值固定為零，便會同時具有精確的值（零）與精確的變化速率（也是零），這將違反測不準原理。因此，力場的強度一定會具有某個最小的不確定性或量子起伏存在。

這些起伏可以想成是粒子對，在某個時刻一起出現、分開，然後又回

來消滅彼此。這些粒子是虛粒子，像是攜帶作用力的粒子，並不是實粒子，無法由粒子偵測器直接觀測到。然而，可以測量到這些粒子的間接效應（如電子軌道的能量細微變化），得到的數據與理論預測精準吻合。就電磁場的起伏而論，這些粒子是虛光子，就重力場的起伏而論，這些粒子是虛重力子，不過在強作用力與弱作用的起伏當中，虛粒子對是由物質粒子（如電子或夸克）與其反粒子組成。

　　問題在於虛粒子具有能量。事實上，由於有無限多的虛粒子對，所以也會有無限大的能量，再根據愛因斯坦的公式 $E=mc^2$（見第五章），也會具有無限大的質量。根據廣義相對論，這些重力會讓宇宙捲曲成無限小，但這明顯與事實不合！其實，類似「無限大」的荒謬也出現在強、弱作用力與電磁力等部分理論裡，但是都可以用重正化（renormalization）的過程除去無限大，所以也才能提出這些作用力的量子理論。

　　「重正化」指引進別的無限大來抵消原有的無限大，不過不用完全抵消。我們可以選擇新的無限大項，留下一小部分，稱為理論的「重正量」。

　　雖然重正化是有疑問的數學程序，但是已經用在強、弱作用力與電磁力等理論上，得到的預測也與觀測精準吻合。不過，從尋找完整理論的角度來看，重正化卻有一個嚴重的缺點，因為這意謂著實際量值（如質量與作用力強度）無法從理論預測，而是必須經過挑選以符合觀測。遺憾的是，在嘗試使用重正化，將廣義相對論裡的量子無限大移除時，只有重力

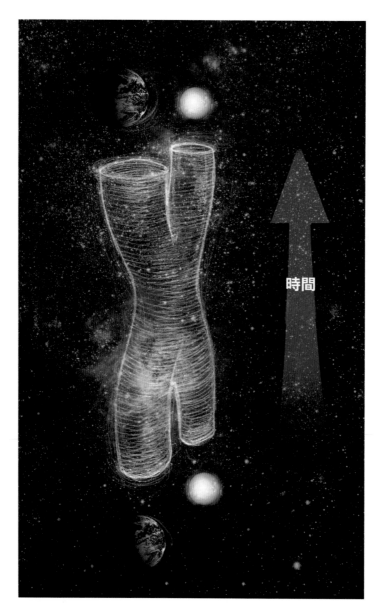

時間

弦論的費曼圖

在弦論裡，長距離的作用力被認為是因為管子連結所造成，而非是作用力粒子交換所造成。

強度與宇宙常數兩項參數可調整（宇宙常數是因為愛斯坦相信宇宙並未擴張而引進的項，見第七章），但是結果仍然不足將無限大的問題全部去除。因此，我們得到的重力量子理論會預測某些物理量值無限大，例如時空曲率等，然而這些量值實際上都可以測量，且測量到的數值都是有限的！

　　廣義相對論與測不準原理結合會出現「無限大」的問題，此疑慮已存在一段時間，一九七二年經由仔細計算後終於確認問題的存在。四年之後為了解決這個問題，物理學家提出一個稱為「超重力」（supergravity）的理論。不過，要找出來超重力理論裡是否有未消除的無限大項，計算上是又臭又長，沒人願意去做。即使是用電腦計算，至少也得花上四年時間，不但出錯機率極高，而且通常錯誤不只一個。所以，唯有重覆進行計算又都得到相同的答案，才能確定得到正確的解答，但那幾乎是一件不可能的任務。僅管有這些問題，而且超重力理論的粒子又不符合觀測到的粒子，但是當時大多數科學家還是寧願相信可以修改超重力理論，使它成為統一重力與其它作用力的正確解答。不過自一九八四年起，物理學家又突然改變想法，開始偏向所謂的弦論。

　　在弦論提出之前，每個基本粒子都被想成是佔據空間一點的粒子。在弦論中，基本的物體不再是點狀粒子，而是像一條無限細的弦，只有長度卻沒有其它維度。這些所謂的「弦」，可能有末端（稱為開放弦），或兩端接起來成為封閉的迴圈（稱為封閉弦）。一個粒子每個時刻佔據空間一點，

而一條弦每個時刻佔據空間中一條線。兩條弦可以結合成為一條弦，開放弦簡單地在末端結合，而封閉弦會像兩條褲管連接成一件褲子一般結合；同樣地，一條弦也可以分成兩條弦。

如果宇宙中的基本物體是弦，那麼在實驗中觀察到的點狀粒子是什麼東西呢？在弦論裡，先前被認為是粒子的東西，現在被看做是在弦上傳遞的波，就像在風箏線上振動的波一樣。然而，弦與弦上的振動如此微小，縱使最佳的科技也無法看清楚形狀，所以在所有的實驗中，它們表現得有如微小、沒有特徵的點。想像觀察一粒塵埃，在放大鏡下近距離觀察，或許能看出灰塵具有不規則、甚至是弦狀的形狀，然而隔一段距離看，又會像是沒有特徵的點而已。

在弦論裡，粒子之間的釋出或吸收，相當於弦的分開或結合。例如，在粒子理論中，太陽對地球的重力作用被視為是太陽中物質粒子釋放重力子，這種作用力粒子再由地球上的物質粒子吸收所造成的效果。但是在弦論裡，這個過程相當於一個 H 形的管子（弦論某方面還真像水電管線學），H 直直的兩邊相當於太陽與地球上的粒子，而水平的橫桿相當於在兩者之間行進的重力子。

弦論有個奇怪的歷史，最早是一九六〇年代末期為了描述強作用力而發明的理論。其概念是將粒子（如質子和中子）視為弦上的波，粒子之間的強作用力相當於連接弦與弦之間的弦，結成蜘蛛網般的構造。為了要讓

理論符合粒子之間觀察到的強作用力值，弦必須像橡皮筋，並具有十噸重的拉力。

　　一九七四年法國巴黎高等師範學院的謝爾克（Joel Scherk）與美國加州理工學院的許瓦茲（John Schwarz）發表一篇論文，指出當張力高達約千兆兆兆（10^{39}）噸時，弦論便能夠描述重力。弦論的預測與廣義相對論在正常尺度下的預測相同，但是在小尺度即 10^{-33} 公分下會出現不同。不過，當時兩人的研究並未受到注意，因爲大多數人都放棄了原本描述強作用力的弦論，改採以夸克和膠子爲基礎的理論，因爲更能吻合觀測的結果。謝爾克不幸逝世（他罹患糖尿病，因無人幫忙注射胰島素而陷入昏迷），剩下許瓦茲孤軍奮戰，捍衛著高張力弦論。

　　一九八四年，有兩點理由突然讓大家重新對弦論燃起興趣。第一點理由是超重力理論毫無進展，科學家既無法證明超重力有限，也無法證明超重力可解釋觀察到的粒子種類。第二點，許瓦茲和倫敦皇后瑪麗學院的格林（Mike Green）發表另一篇論文，顯示弦論或許能夠解釋觀察到某些具有左手特性的粒子（大部分的粒子具有左右對稱的特性，但這些粒子在鏡像中的行爲會改變，彷彿獨具左手或右手特性）。不管如何，許多人紛紛投入研究並發展出新版弦論，似乎可望解釋觀察到的粒子種類。

　　弦論也會導致無限大的問題，但是理論家認爲只要提出正確版本的弦論，無限大或許可以全部消除（雖然這點並未確定）。然而，弦論還有一個

更大的問題：唯有當時空具有十個或廿六個維度，而不是平常的四個維度時，理論才會一致。當然，額外維度出現在科幻小說裡稀鬆平常，可以克服廣義相對論指一般無法超光速或是回到過去的限制，是相當理想不過的方式（見第十章），方法是用額外維度創造捷徑。例如，想像我們生活的空間只有二個維度，並且如鐵環或甜甜圈表面彎曲，若想從內環某點到達另一側，必須要繞著內環走，但如果能在三維空間行進，便能離開環面，走直線貫穿抵達。

　　但是，如果這些額外維度真的存在，為什麼我們沒有注意到呢？為什麼我們只看到三個空間維度與一個時間維度呢？這是因為其它的維度捲曲成非常小的尺度，像是 10^{-30} 吋。這個尺寸太小了，所以我們沒有注意到，只能看到一個時間維度和三個空間維度，並且構成幾乎平坦的時空。這很像是一根吸管的表面，如果近距離會看到兩個維度，所以吸管上一點的位置可用兩個數字描述，即在吸管上的長度，以及在圓周上的位置；但如果隔一段距離看，便不會看到吸管的寬度，看起來只有一個維度，所以一點的位置可用在吸管上的長度表示。因此，理論家主張弦論的時空也是如此：若是在極小的尺度下，會看到十個極為捲曲的維度，但若尺度比較大，便看不到捲曲或是額外維度。

　　如果這幅圖像正確，對於未來的太空旅客可不是好消息，因為額外的維度太小了，無法容許太空船通過。不過，這又引起另一個重要的問題：

三個維度的重要性
若超過三個維度，行星軌道將會不穩定，不是墜向太陽，便是逃離太陽。

為什麼有些維度會捲曲成一顆小球，卻不是所有的維度都捲曲呢？假定在宇宙極早期的時候，所有維度都相當捲曲，為什麼最後有一個時間維度與三個空間維度變成平坦，而其它維度卻仍然緊緊捲曲呢？

或許這可以用所謂的「人擇原理」解釋，也可以改寫成「我在，故我見」的宇宙觀。人擇原理有強、弱兩種，弱人擇原理指在一個巨大或具有無窮空間／時間的宇宙裡，只有在某些時間與空間有限的區域，才會具有讓智慧生命發展出來的必要條件。因此，在這些區域的智慧生命，若是觀察到自己在宇宙中的位置滿足自身存在的必要條件，其實不用感到驚訝。這有點像是住在高級社區的有錢人，不會看見貧窮一樣。

有些人進一步提出強人擇原理。根據該理論，有許多不同的宇宙存在，或是一個宇宙裡有許多不同的區域，各自擁有一個初始結構，或是一套科學法則。在大多數宇宙中沒有適當的條件，無法發展出複雜的有機體，只有極少數像我們的宇宙會發展出智慧生物，並提出「宇宙為何是這個面貌」等問題。答案其實很簡單：如果不是這樣，我們就不會在這裡了！

幾乎沒有人質疑弱人擇原理的有效性或實用性，但是對於拉高到以強人擇原理來解釋目前所觀察到的宇宙，則傳出不少反對之聲。首先，如何能說種種不同的宇宙都存在呢？若是這些宇宙真的各有不同，那麼發生在其它宇宙的事情，對於我們自己的宇宙將不具可觀察的結果，因此應該借

用經濟原理，將它們從理論剔除。另一方面，若只是同一個宇宙的不同區域，那麼科學法則必須在每個區域都相同，否則我們無法在區域之間移動。在這個情況下，不同區域之間的不同之處僅在於初始結構，則強人擇原理又會降低到弱人擇原理了。

對於為什麼弦論裡額外維度會發生捲曲的問題，人擇原理提出一個可能的答案，因為兩個空間維度似乎不足以發展出像人類這般複雜的生物。例如，假設有二維動物住在一個圓上面（如二維地球的表面），那麼得爬過彼此才能通行；而且二維動物吃東西的殘渣，必須哪裡進、哪裡出，否則若有一條消化道貫穿身體的話，二維動物就會斷裂成兩半了。同樣的道理，二維動物也不可能有血液循環這回事。

另外，若超出三維空間也有問題，兩個物體之間的重力作用隨距離遞減的效應會比三維空間更為快速（當距離加倍時，三維空間的重力作用會減少至 1/4，四維空間會減少至 1/8，五維空間會減少至 1/16，以此類推）。重點是這會造成行星（如地球）繞恆星運轉的軌道不穩定，因為即便是對圓形軌道的最小擾動（如其它行星造成的重力引力），也會讓地球遠離太陽或墜向太陽，讓人類不是凍死，便是被烤焦。在超過三維度的空間裡，重力隨距離變化的行為，也會讓太陽因為無法平衡壓力與重力而處於不穩定的狀態，使太陽不是爆炸，便是崩塌形成黑洞，不管如何，太陽都無法為地球上的生物提供穩定的光與熱。就更小的尺度來看，原子裡面讓電子繞

轉原子核的電力，行為與重力作用類似，因此電子可能會全部逃離原子，或是墜向原子核，因此也就不會有原子的存在了。

至少就我們所知，生命只能存在一個時間維度與三個並未捲曲的空間維度。這意謂著如果能證明弦論至少容許宇宙存在這種區域，那麼便可以訴諸弱人擇原理來解釋時空維度。物理學家的確發現弦論容許不同時空維度存在，因此宇宙可能有其它區域，或者有其它宇宙（不管是何意義）存在，那裡所有的維度都捲曲得極小，或是有超過四個以上的平坦維度，但是這些地方將不會有智慧生物可觀察到底有多少維度存在。

除了維度的問題之外，弦論的另一個問題是至少有五種不同的弦論（兩個開放弦論與三個封閉弦論），而弦論又預測額外維度有幾百萬種捲曲的方式，那麼為何單獨挑出一個弦論與一種捲曲方式呢？由於好長一段時間找不到答案，讓這方面的研究陷入膠著。不過，自一九九四年後，開始發現了所謂的「二元性」，指不同的弦論與額外維度不同的捲曲方式，可能會導致和四維度裡相同的結果。再者，除了粒子（佔空間一點）與弦（線）之外，又發現稱為 P 膜的物體，佔空間兩個維度以上（粒子可視為 0 膜，弦可視為 1 膜，P 膜則從 2 到 9 維都可能；例如，2 膜可視為二維膜，但是更高的維膜則很難想像）。似乎在超重力、弦論與 P 膜等理論之間，存在著一種「齊頭式民主」：大家皆可存在，但是無法指出哪個更基本。這些理論看起來像是某個基本理論的不同近似，在不同情況裡成立。

　　我們長久以來追尋這種基本理論，卻一直未能獲得成功。不過，如哥德爾所說，算術不可能用一組公理完全推導，同樣地我相信物理的根本理論也未必只有單一表述而已。以地圖為例，我們無法用一張平面地圖來描述地球表面或錨環表面，地球至少需要用兩張地圖，而錨環表面至少需要用四張圖才能涵蓋每個點。每張地圖只在有限的區域有效，但是不同的地圖有重疊的區域，將所有地圖集合起來便可為表面做一份完整的描述。同樣地，在物理中或許有必要在不同情況適用不同的表述，但是兩個不同的表述在都可適用的情況裡將會吻合。

　　如果這是正確的，不同表述的全部集合可視為一個完整的統一理論，雖然可能無法只用一套公設表達。但縱使是這樣，或許也已經超過自然所能容許。有沒有可能根本就沒有統一理論呢？或許我們只是在追逐海市蜃樓？似乎存在三種可能性：

(1) 真的有完整的統一理論（或重疊表述的一個集合），
　　若是我們夠聰明的話，終有一日會發現。

(2) 沒有一個終極的宇宙理論，只有一系列無窮的理論，
　　能夠對宇宙做越來越精確的描述。

(3) 宇宙的完整理論不存在，經過一定的準確度之後，
　　將無法再預測事件，事件會以隨機任意的方式發生。

有人支持第三種可能性，理由在於若是有一套完整的法則，將會侵犯上帝改變心意與干預世界的自由。然而，如果上帝是萬能又無所不能的，為何祂沒有隨心所欲違反自己的自由呢？這有點像是一個古老的弔詭：上帝創造一顆石頭，會重到連自己都抬不起來嗎？但誠如聖奧古斯丁指出，以為上帝會想改變心意的想法是一種謬誤，以為上帝存在於時間裡；相反地，時間是上帝創造給宇宙的一項特質，祂在創造宇宙時理當有所定見。

隨著量子力學的出現，讓我們明白事情無法完全精準預測，總是會有一定程度的不確定性。要是你喜歡，可以將這種隨機歸諸於上帝的介入，但是這種介入又太奇怪了，因為看不出來有何目的；如果真的有「目的」，那根據定義也稱不上是「隨機」了。在現代物理中，基本上已經除去第三種可能性，因為我們重新定義科學的目標：在於提出一套法則，可在測不準原理的限制下預測事件發生的機率。

第二種可能性指存在一無窮系列、愈來愈準確的理論，這與目前為止所有的經驗相符。當我們不斷提升測量的靈敏度，或是進行新一類的觀測時，常會發現既有理論未能預測到的新現象，而為了解釋新現象，又不斷督促我們發展出更進步的理論。例如，隨著我們用更高的能量來研究粒子的交互作用，或許能期待有一天找到更多新的結構層次，比起現今視為「基本」粒子的夸克與電子更基本。

　　然而，重力似乎會爲「盒中有盒」的系列設下限制。如果有個粒子的
能量在普朗克能量之上，能量會密集到讓它自己形成一個小黑洞，與宇宙
其它部分分開。因此，當研究的能量越來越高時，似乎理論越來越精進的
次數會有所限制，代表應該有某種宇宙終極理論存在。當然，現在實驗室
能夠製造出來的能量上限，與普朗克能量可謂天差地遠，近期內粒子加速
器恐怕還是無法追上差距。然而，宇宙極早期階段必定是普朗克能量的場
域，因此我認爲在早期宇宙學研究與符合數學一致性的要求下，將有很好
的機會在大家有生之年找到一個完整的統一理論，當然得假設人類沒先自
我毀滅了。

　　如果眞的發現終極理論，有何意義呢？

　　第三章解釋過，永遠無法確定我們眞的找到正確的理論，因爲無法證
明理論本身。但如果該理論在數學上一致，而且每次的預測都符合觀察，
那麼有相當的信心已經找到正確的理論，這將爲人類歷史上對認識宇宙的
長久奮戰，劃下一個光榮的句點，不過也會對一般人的宇宙法則認知進行
革命。

　　在牛頓的時代，一個受教育的人士或許能大致掌握人類全部的知識，
但是此後科學發展的腳步將讓這成爲絕響。因爲理論不斷推陳出新，來不
及仔細消化或簡化，讓凡夫俗子也能夠了解；即使是專家，也只能掌握小
部分的科學理論。再者，科學進展日新月異，學校裡學習的東西多半已過

時，只有極少數人能夠掌握最先端的知識，但是這些人必須全力投入，而且只能專精極小的領域。大眾對於科學進展幾無所悉，也不知道掀起的興奮激昂之情。如果像七十年前愛丁頓所說世界上只有兩人懂得廣義相對論的話，現今起碼有成千上萬的大學畢業生懂得，還有數不清的人們至少也聽過相關概念。我相信，若發現完整的統一理論，遲早都可以消化吸收，然後在學校傳授，讓大家至少了解原則梗概。屆時，我們對於支配宇宙與自身存在的法則，可望獲得一定程度的了解。

但是，縱使真的發現完整的統一理論，並不代表我們能夠預測所有事件，因為有兩點理由存在。第一點是測不準原理對於人類的預測能力，設下無法橫跨的障礙與限制；不過，第二點限制又甚於第一點限制，因為我們極不可能解出這種理論的方程式，除非在非常簡單的狀況下。前面提過，光是由原子核和電子所構成的原子，都沒有人可以精確解出其量子方程式，甚至是在比較簡單的牛頓理論中，想精確解出三個物體的運動也不可得，更何況隨著物體數目與理論複雜度增加，難度會越來越高。「近似解」通常能滿足實際應用所需，但是卻極難滿足所謂「萬物終極理論」所帶來的崇高期待。

現在，除了最極端的狀況之外，我們已經知道所有支配物質行為的法則，特別是所有化學和生物的根本法則，但我們還是無法聲稱這些學科已經完全解決，而想用數學方程式預測人類行為，更是完全沒轍！所以，縱

使真的發現一套完整的基本法則，我們對知識的追求仍然得面臨諸多挑戰，必須發展出更佳的近似法，才能在複雜無比的現實中，對於可能的結果進行有效的預測。所以，一個完整一致的統一理論只是第一步，我們的目標在於完全了解周遭事件以及自身的存在。

12
結論

Conclusion

這是一個令人困惑的世界，我們想了解周遭事物的意義，於是問道：宇宙的本質為何？人類在宇宙中的地位是什麼，我們又從而何來？為什麼宇宙是今日這等面貌呢？

為了試圖回答這些問題，演變出一些世界觀。例如，烏龜相疊撐起平坦的世界是一種觀點，超弦理論也是一種觀點，兩者都是宇宙的理論，雖然後者比前者更加數學與正確，但是都欠缺觀測證據，因為從來沒人見過有巨龜背負地球，也從來沒人見過所謂的「超弦」。不過，烏龜理論構不上是好的科學理論，因為預測人們會從世界邊緣墜落，這與經驗不符，除非真的是讓人從百慕達三角洲消失的理由。

古代試圖以理論描述與解釋宇宙的概念，往往都將事情與自然現象視為受到具有人類七情六慾的神靈所控制，其行事作風很像人類而無法預測。這些神靈寄居於自然物體上，像是山川河流或是日月星辰。人類必須敬畏與供奉神靈，以求物產豐饒、風調雨順。但是，人們慢慢注意到有些規律可循，不論是否對太陽神獻祭，太陽總是東升西落。再者，日月星辰會遵循精確的路徑橫跨天際，讓人們可事先精準預測。或許日月星辰仍然是神明，但是祂們是恪遵法則的神明，而且毫無例外，除非相信太陽會為約書亞停止運轉等類故事之外。

起初，這些規則律法只有在天文學和少數狀況中才很明顯。然而，隨著文明進展，特別是過去三百年來，發現越來越多的規則律法。這些法則

從烏龜到彎曲的空間
從古至今的宇宙觀。

　　的成功讓拉普拉斯在十九世紀初提出科學決定論，主張只要知道宇宙在某
個時刻的結構，以科學法則便可精準確定宇宙接下來的演進。

　　拉普拉斯的科學決定論有兩個方面並不完備，一是未指出應該如何挑
選法則，二是未指明宇宙的初始結構為何，這些問題都留給上帝。他主
張，上帝會選擇宇宙如何開始以及遵守哪些法則，但是一旦宇宙開始之
後，上帝便不再介入了。事實上，上帝只局限在十九世紀科學尚不明白的
範疇裡。

　　現在我們知道拉普拉斯對決定論的期望無法實現了，至少他一開始提
出的那個決定論已經不成立。量子力學的測不準原理指出，某些量值對無
法同時精確預測，例如粒子的位置和速度。在一連串量子理論的努力下，
現代量子力學以波來描述不具明確位置和速度的粒子。量子力學定下波隨
著時間演化的法則，所以只要知道某個時刻的波，便可計算出波在其它時
刻的狀態，因此又變成決定論。只有當我們試圖以粒子的位置和速度來詮
釋波的時候，才會出現不可預測的隨機元素。但或許這是我們的錯，或許
根本就沒有所謂粒子的位置和速度，只有波而已。可能是我們硬要將波套
用在原有的位置和速度概念上，因為不相容才會造成不可預測性的表象。

　　實際上，我們已經重新界定科學研究的任務，目標在於發現法則來預
測事件，直到測不準原理所設下的限制為止。不過，問題仍在：宇宙的法
則與初始狀態如何選擇或為何選擇呢？

　　這本書特別著重支配重力的法則，因為重力塑造宇宙的大尺度結構，即使它是四種作用力中最弱的一種。重力法則與宇宙不會隨時間改變的觀點不相容，而這種偏見直到最近才被揚棄。因為重力永遠是引力，所以宇宙若不是在擴張，便是在收縮。根據廣義相對論，過去必定有一個密度無限大的狀態，即時間開始的「大霹靂」；同樣地，如果整個宇宙再度崩塌，未來必定有另外一個密度無限大的狀態，即時間結束的「大崩塌」。即使整個宇宙並未再崩塌，在任何局部崩塌形成黑洞的區域也會有奇異點，對於掉進黑洞的人說，這些奇異點正是時間的結束。在大霹靂與其它奇異點上，所有法則都會瓦解，所以上帝還是有完全的自由，可以選擇在奇異點會發生什麼事情，以及決定讓宇宙如何開始。

　　當我們結合廣義相對論與量子力學時，似乎會出現一個前所未有的新可能性：時間和空間一起形成有限的四維空間，沒有奇異點或邊界，與二維的地球表面相似，只是有更多的維度。這個新概念似乎可以解釋許多觀察到的宇宙特徵，例如大尺度上的均勻，以及小尺度上的差異，如星系、恆星或甚至是人類的存在。不過，如果宇宙完全自然完備，沒有奇異點或邊界，並可由一個統一理論完整描述，那麼對於上帝是否為創世主的角色將具有重大衝擊。

　　愛因斯坦曾經問道：「上帝建造宇宙時，有多少選擇呢？」假設無邊界假說正確無誤，那麼上帝將完全沒有選擇初始條件的自由。當然，祂還是

可自由選擇宇宙運行的法則，然而這不太算是選擇，因為可能只有一個或少數幾個完整統一理論（如弦論）是完全一致，並允許人類這般複雜的結構存在，可以探尋宇宙法則並追問上帝的本質。

　　縱使只有一個可能的統一理論，也只是一套法則和方程式而已。究竟是什麼讓這些方程式有了生命，造就一個宇宙來描述呢？一般建造數學模型的科學方法，無法回答為什麼會有一個宇宙來供模型描述。為什麼宇宙要這麼麻煩地存在呢？統一理論會不會強到自己跳出來呢？或是，需要一個創造者嗎？如果是的話，對於宇宙有其它作用嗎？又是誰創造祂呢？

　　到目前為止，大多數科學家都忙著發展新理論來描述宇宙如何運作，卻沒有去問「為什麼」的問題。另一方面，應該研究「為什麼」的哲學家，卻無法跟上科學理論發展的腳步。在十八世紀，哲學家視人類全部的知識都是自己研究的範疇，包括科學在內，他們會討論宇宙是否有開端等問題。然而，自從十九、廿世紀之後，科學變得相當技術化與數學化，除了少數專家之外，哲學家或一般人都難以掌握。哲學家不斷限縮自己探尋的範疇，讓廿世紀最著名的哲學家維根斯坦（Ludwig Wittgenstein）不禁感慨道：「哲學剩下的唯一任務是分析語言」。對於從亞里斯多德到康德傳下來的偉大哲學傳統，無異是沈重打擊。

　　不過，若是發現完整的統一理論，只需一些時間消化，人人都應該可以理解大概的原則，而非只局限於少數科學家。那麼，包括哲學家、科學

愛因斯坦

世人都熟悉愛因斯坦與原子彈的關聯，他曾聯名簽署一份致羅斯福總統的著名信件，敦請政府正視原子彈的議題，戰後又致力於防止核戰的發生。但這些不是讓這位科學家淌入政治混水的孤立事件，誠如愛因斯坦所言，他的一生「在政治與方程式之間打轉」。

愛因斯坦最早涉及政治活動是在一次大戰時，當時他在柏林擔任教授。由於痛恨戰爭浪費人類生命，他開始投入反戰示威，提倡不服從政府，並公開鼓吹抗拒徵兵令，讓同事不表苟同。接著在戰後，他致力於和解協調與改善國際關係，然而這也得不到歡迎。很快地，參與政治活動讓他難以到美國訪問，甚至連演講也不得成行。

愛因斯坦的第二項使命是投入猶太復國運動。雖然身為猶太後裔，但是他一向不接受聖經裡的上帝，只是自一次大戰之前反猶人意識高漲，讓他逐漸與猶太社群產生認同，後來更成為活躍的猶太復國運動支持者。這讓他更不受歡迎，不過卻沒有阻止他繼續發聲，結果非但讓他的理論遭到攻擊，甚至有專門反愛因斯坦的組織出現，甚至有個人因教唆他人謀殺愛因斯坦而被判刑（不過只罰六元而已）。但是愛因斯坦韌性十足，當一本稱為《百名作家反愛因斯坦》（*100 Authors Against Einstein*）的書籍出版時，他四兩撥千斤地說：「如果我真的錯了，那麼一個人來反對就成了。」

一九三三年希特勒奪取政權，愛因斯坦人在美國，他宣佈將不會再返回德國。當納粹掃蕩他家，並扣押其銀行帳戶時，一家柏林報紙的頭條是

「來自愛因斯坦的好消息：他不會回來了！」面對納粹威脅，愛因斯坦不再死抱和平主義，最後因為擔心德國科學家會搶先製造原子彈，他於是建議美國政府應該制敵為先。但即使在第一個原子彈引爆之前，他都公開警告核子戰爭的危險，並促請國際共同控制核子武器。

終其一生，愛因斯坦致力追求和平卻幾無所成，且樹敵無數。不過，他對猶太復國運動的有力支持，在一九五二年終於獲得肯認，當時他被敦請出任以色列總統。愛因斯坦予以婉拒，表明自己對政治太天真了。但也許他真正的理由並不同，這裡再度引用他的話：「方程式對我而言更重要，因為政治是一時的，方程式卻是永恆的。」

伽利略

伽利略應該是最有資格稱為現代科學的催生者。他與天主教會的公然衝突，凸顯他的哲學思想中心：他是最早主張人類可望了解宇宙運作之道的人士之一，而且認為觀察真實的世界，便可認識宇宙天地。伽利略很早便相信哥白尼主張行星繞日的理論，但是找到需要的證據後才開始公開支持。他以義大利文（而非一般學術用的拉丁文）發表有關哥白尼理論的文章，很快地在學院之外受到廣大支持。這惹惱亞里斯多德學派的學者，於是聯合抵制他，試圖說服天文教會禁止哥白尼學說。

伽利略為此憂心忡忡，趕赴羅馬求見教會高層。他主張，聖經不是用來教導大家科學理論，而聖經內容有違常識之處，人們會很自然當成是寓言故事而已。

但是教會擔心醜聞會妨礙與新教對抗之戰，因此將事情壓下來。一六一六年天主教會宣佈哥白尼學說「大錯特錯」，並命令伽利略永遠不得再「護衛或主張」該學說，伽利略只得保持沈默。

一六二三年伽利略有位故交成為教宗，他馬上試圖請求撤銷一六一六年的命令。雖然伽利略並未成功，但是獲得教會允許，若遵守兩項條件，將可著書討論亞里斯多德和哥白尼兩派學說：第一個條件是不可以有立場；第二個條件是結論必須指出，人類絕對無法決定世界運作之道，因為上帝會以人類無法想像的方式帶來相同的效果，而人類無法干預萬能的上帝。

於是，《兩大世界體系的對話》（*Dialogues Concerning Two Chief World Sys-*

tems）於一六三二年出版，並獲得審查單位背書支持，結果立刻風行全歐洲，被視爲是一部文哲鉅著。很快地，教宗發現人們視這本書是支持哥白尼學說的有力論證，後悔同意讓它出版，改而聲稱這本書雖然已通過正式審查，但是作者伽利略仍不得違背一六一六年禁令，並且命令他接受宗教法庭的審判。結果，伽利略被判終身軟禁，並且被迫公開摒棄哥白尼學說。第二次，伽利略又沈默了。

事實上，伽利略一直是信仰虔誠的天文教徒，但是他對科學獨立的堅信從未受動搖。一六四二年過世前四年，一直在家軟禁的他，將第二本重要巨著的手稿偷偷送到荷蘭一個出版商手上。這部《新科學對話》（*Two New Sciences*）不只是他對哥白尼的支持而已，更是促成了現代科學的誕生。

牛頓

牛頓並不是一個好相處的人。他與其它學者的關係惡名昭彰，人生大半時間都捲入爭議當中。在物理史上影響最力的著作《數學原理》出版後，讓牛頓聲譽鵲起，他被任命爲英國皇家學會主席，也成爲第一位授封爵士的科學家。

不久之後，牛頓與皇室天文學家弗蘭斯蒂德（John Flamsteed）發生衝突。先前弗蘭斯蒂德提供了許多資料供牛頓撰寫《數學原理》，但是他開始對資料有所保留，不願讓牛頓予取予求。牛頓無法忍受別人說「不」，他任命自己成爲皇家天文台理事，企圖強迫立刻公開這些資料。最後，他命令沒收弗蘭斯蒂德的研究，並準備讓弗蘭斯蒂德的死敵哈雷（Edmond Halley）予以發表。但是弗蘭斯蒂德告上了法庭，在緊要關頭及時贏得判決，讓這些失竊的資料禁止散佈。牛頓大發雷霆並加以報復，在《數學原理》後來改版時，全面刪除有關弗蘭斯蒂德的文獻參考。

接著，牛頓又與德國哲學家萊布尼茲（Gottfried Leibniz）發生更嚴重的衝突。牛頓和萊布尼茲各自發展出微積分，成爲現代物理學的重要基礎。雖然現在知道牛頓比萊布尼茲早幾年發現微積分，但是他後來才發表，結果引發孰先孰後的激烈爭辯，科學家們也分成兩派各擁其主。不過，令人驚訝的是大多數擁護牛頓的文章多半都是出自他本人之手，只是假借朋友的名義發表。隨著爭議越演越烈，萊布尼茲做了一個錯誤的決定，他請求英國皇家學會裁決爭議。身爲皇家學會主席的牛頓，指派一個

「公正」的委員會進行調查，恰巧任命的委員全都是牛頓的好朋友！不僅如此，牛頓自己撰寫委員會調查報告，並命令皇家學會公佈，正式控告萊布尼茲剽竊之罪。甚至又再以匿名的方式，在皇家學會的期刊上發表一份義正嚴詞的檢討報告。據說在萊布尼茲過世後，牛頓宣稱他對於「讓萊布尼茲心碎」一事，感到十分滿意。

　　在這兩場爭論期間，牛頓離開了劍橋和學術界。在劍橋時，他對於反天主教的政治活動已相當熱衷，到了國會之後變本加厲，最後終於榮獲政治酬庸，擔任皇家鑄幣廠監管一職。這讓他得以名正言順充分發揮尖酸苛薄的本性，成功推行大型查禁偽幣運動，甚至將幾個人送上絞架處死。

名詞解釋

Absolute zero 絕對零度

理論上最低的可能溫度，物質在此不具熱能。

Acceleration 加速度　物體速度的變化率。

Anthropic principle 人擇原理

我們看見宇宙以這種方式存在，是因為如果宇宙有所不同，我們將不會在此觀察它。

Antiparticle 反粒子

每種物質粒子都有一個對應的反粒子。當粒子與反粒子碰撞時，會互相消滅並釋出能量。

Atom 原子

一般物質的基本單位，由一個極小的原子核（質子和中子構成）與環繞的電子所組成。

Big bang 大霹靂　宇宙開始的奇異點。

Big crunch 大崩塌　宇宙結束的奇異點。

Black hole 黑洞

因為超強的重力，使得任何事物（包括光）都無法逃脫的時空區域。

Coordinates 座標　以數字標示一點在空間和時間中的位置。

Cosmological constant 宇宙常數

愛因斯坦使用這項數學技巧，使時空本身具有擴張的傾向。

Cosmology 宇宙學　研究宇宙整體的學問。

Dark matter 暗物質

存在星系、星系團、甚至各星系團之間的物質，雖然無法直接觀測，但可偵測到其重力效應。宇宙間或許有高達90%的質量，以暗物質的形式存在。

Duality 二元性　外觀不同的理論具有相同物理效應的一種特性。

Einstein-Rosen bridge 愛因斯坦─羅森橋

連接兩個黑洞的狹小時空通道（亦見蟲洞）。

Electric charge 電荷

粒子的一種特質，電荷相同的粒子會相斥，電荷相異的粒子會相吸。

Electromagnetic force 電磁力

帶電粒子之間發生的作用力，在四種基本作用力中屬第二強。

Electron 電子　環繞原子核的負電粒子。

Electroweak unification energy 電弱統一能量

超出此能量後（約 100GeV），電磁力和弱作用力之間的區分將會消失。

Elementary particle 基本粒子　不能再分割的粒子。

Event 事件　時空中的一點，由其時間和空間而定。

Event horizon 事件視界　　黑洞的邊界。

Field 場

遍及空間與時間之物，不同於粒子只存在一個時間與一個地點。

Frequency 頻率　　波動每秒的完整周期次數。

Gamma rays 伽瑪射線

波長很短的電磁射線，在放射性衰變或基本粒子碰撞中產生。

General relativity 廣義相對論

愛因斯坦提出的理論，基本想法是科學法則對於所有觀察者皆相同，不論移動速度為何；並將重力解釋成是四維時空的彎曲。

Geodesic 測地線　　二點之間最短（或最長）的路徑。

Grand unified theory（GUT）大統一理論

統一電磁力、強作用力和弱作用力的理論。

Light-second（light year）光秒（光年）

光在一秒（一年）中行進的距離。

Magnetic field 磁場　　磁力的作用範圍，現與電場合併為電磁場。

Mass 質量　　物體的物質量，對加速度的慣性或抗力。

Microwave background radiation 微波背景輻射

早期宇宙高溫發熱發光時所散發的輻射，由於產生大量紅移，所以不是以可見光存在，而是以微波（波長為幾公分的無線電波）的形式存在。

Neutrino 微中子

極輕（可能無質量）的粒子，只受弱作用力和重力影響。

Neutron 中子

與質子十分相似但無電荷的粒子，約佔原子核中的一半粒子。

Neutron star 中子星

超新星爆炸後偶爾殘餘剩下的冷星，恆星中央的核心物質崩塌成為稠密的中子球。

No boundary condition 無邊界條件　宇宙有限但沒有邊界的主張。

Nuclear fusion 核融合

兩個原子核碰撞，並凝聚形成一個重核的過程。

Nucleus 原子核

原子的核心部份，由質子和中子組成，以強作用力凝聚。

Particle accelerator 粒子加速器

使用電磁鐵加速運動中的帶電粒子，給它們更多能量。

Phase 相位

在特定時間一個波在周期中的位置，測量波在波峰、波谷或之間某處的度量。

Photon 光子　光的量子。

Planck's quantum principle 普朗克的量子原則

指光（或任何古典波）只能以一個個的量子發射或吸收，能量與頻率成正
比。

Positron 正電子　電子的反粒子（帶正電）。

Proportional 成正比

若「X 與 Y 成正比」時，代表當 Y 乘以某數時，X 也是相乘某數；若「X
與 Y 呈反比」時，代表當 Y 乘以某數時，X 則以該數相除。

Proton 質子

帶正電粒子，與中子非常相似，在大多數原子的核心中約略佔一半粒子。

Quantum mechanics 量子力學

從普朗克量子原則與海森堡測不準原理發展而來的理論。

Quark 夸克

一種帶電的基本粒子，會感受到強作用力，例如質子和中子都是由三個夸
克組成。

Radar 雷達

利用脈衝無線電波偵測物質位置的系統，測量脈衝到達物體再反射回來的
時間。

Radioactivity 放射性　原子核自發衰變，變成另一種原子核。

Red shift 紅移

當恆星遠離我們時，所發出的光會因為都卜勒效應而往光譜的紅色方向移動。

Singularity 奇異點　時空中的一點，時空曲率會變成無限大。

Space-time 時空　四維度空間，其中任何一個點為一個事件。

Spatial dimension 空間維度

任何類似空間的三個維度，也就是除了時間維度之外的三個維度。

Special relativity 狹義相對論

愛因斯坦提出的理論，基本想法是在不論重力現象之下，科學法則對於所有觀察者都相同，不論移動速度為何。

Spectrum 光譜　組成波的頻率成份，太陽的可見光譜為彩虹。

String theory 弦論

該理論將粒子描述為在弦上振動的波；弦有長度，但沒有其它維度。

Strong force 強作用力

四種基本作用力中最強者，也是作用範圍最短者。強作用讓質子和中子裡面的夸克緊緊結合，進而讓質子與中子結合形成原子。

Uncertainty principle 測不準原理

海森堡提出此項原理，指無法同時確定一個粒子的位置和速度；對其中一個量值知道越精確，對另一個量值越無法精確掌控。

Virtual particle 虛粒子

在量子力學中，一種永遠無法直接偵測的粒子，但是其存在具有可測量的效果。

Wave ／ particle duality 波／粒子二元性

量子力學中指波與粒子沒有區別的概念，粒子有時候會表現得像波，而波有時候表現得像粒子。

Wavelength 波長　　兩個波峰或兩個波谷之間的距離。

Weak force 弱作用力

四種基本作用力中第二弱者，作用範圍極短，會影響所有物質粒子，但不會影響作用力粒子。

Weight 重量

重力場施加在物體上的作用力，與質量成正比，但不完全相同。

Wormhole 蟲洞

一種狹小的時空通道，可連接宇宙中相距遙遠的區域。蟲洞或許會通往平行宇宙或新生宇宙，為時間旅行提供一項可能性。

國家圖書館出版品預行編目 (CIP) 資料

新時間簡史 / Stephen Hawking, Leonard
Mlodinow 著 ; 郭兆林 , 周念縈譯 . -- 初版 .
-- 臺北市 : 大塊文化 , 2012.07
　　面 ;　公分 . -- (from ; 82)

譯自 : A briefer history of time
ISBN 978-986-213-347-7(平裝)

1. 宇宙論

323.9　　　　　　　　　　101011113

LOCUS